파인만의 여섯가지 물리 이야기

이 도서의 국립중앙도서관 출판시도서목록(CIP)은 e-CIP 홈페이지(http://www.nl.go.kr/cip.php)에서
이용하실 수 있습니다. (CIP제어번호:CIP2007003057)

파인만의 여섯가지 물리 이야기

1판 1쇄 펴냄 | 2003년 1월 6일
1판 25쇄 펴냄 | 2023년 5월 17일
지은이 | 리처드 파인만
옮긴이 | 박병철
펴낸이 | 황승기
마케팅 | 송선경
펴낸곳 | 도서출판 승산
등록일자 | 1998년 4월 2일
주소 | 서울특별시 강남구 테헤란로34길 17 혜성빌딩 402호
전화 | 02-568-6111
팩스 | 02-568-6118
이메일 | books@seungsan.com
블로그 | blog.naver.com/seungsan_b
페이스북 | www.facebook.com/seungsanbooks

ISBN | 978-89-88907-41-2 03420

Richard P.Feynman

파인만의 여섯가지 물리 이야기

| 리처드 파인만 강의 | 폴 데이비스 서문 | 박병철 옮김 |

승산

리처드 파인만

Contents

이 책을 펴내면서

『파인만의 여섯 가지 물리 이야기(Six Easy Pieces)』는 물리학의 진수를 일상적인 언어로 풀어낸 파인만의 명작이다. 이 책은 리처드 파인만이 남긴 최고의 물리 교재인 『파인만의 물리학 강의(Lectures on Physics: 1963)』에서 비교적 이해하기 쉬운 여섯 개의 장을 추려내어 재편집한 것이다. 골치 아픈 수식이 최대한으로 배제된 상태에서 파인만의 명강연을 듣는 것은 누구에게나 커다란 행운이며, 그 행운을 담은 책이 바로 『파인만의 여섯 가지 물리 이야기』이다. 에디슨 웨슬리(Addison-Wesley) 출판사의 전 직원들은 이 책에 영감어린 서문을 써준 폴 데이비스에게 깊은 감사를 드리는 바이다. 그의 서문 뒤에는 『파인만의 물리학 강의』에 실려 있는 두 개의 서문(파인만 자신의 서문과 그의 연구 동료들이 쓴 서문)이 수록되어 있으며, 이 글 속에는 파인만이라는 인간과 그의 물리적 세계관이 잘 서술되어 있다.

끝으로, 이 책의 편집 전반에 걸쳐서 많은 조언과 충고를 해준 캘리포니아 공과대학(Caltech) 물리학과와 주디스 굿스타인 박사(Dr. Judith Goodstein), 그리고 브라이언 하트필드 박사(Dr. Brian Hatfield)에게 깊은 감사를 드린다.

폴 데이비스의 서문

흔히 과학은 "개인의 감정이 철저하게 배제된 객관적 논리의 온상"이라고 생각하기 쉽다. 대다수 사람들의 일상사는 유행이나 개성 등과 같이 주관적 취향에 의해 좌우되는 반면에, 과학은 여러 사람들에게 엄밀하고 동등한 검증을 거쳐야 하기 때문이다. 그러나 이것은 과학의 특성일 뿐, 그것을 연구하는 과학자들에게까지 적용되는 논리는 아닐 것이다.

과학은 유행이나 개성과 마찬가지로 인간에 의해 창조된 인간활동 중 하나로서, 유행이나 감정처럼 다분히 주관적인 색채를 띠고 있다. 과학자들은 각 세대마다 그들 나름대로의 중요한 문제에 매달려 왔으며, 과학은 당대의 현안과 해결책을 제시한 소수의 천재들에 의해 끊임없이 변화를 겪어 왔다. 일부 과학자들은 가끔씩 괄목할 만한 성과를 이루어 세계적인 명성을 얻기도 하고, 천부적 재능을 타고난 과학자들은 학계 전체가 추앙하는 영웅으로 부상하기도 한다. 과거의 영웅은 아이작 뉴턴(Isaac Newton)이었다. 뉴턴은 점잖은 과학자의 표상으로서, 자신의 논리에 일관성을 꾸준히 유지해왔을 뿐만 아니라 깊은 신앙심과 느긋함, 그리고 꼼꼼함을 겸비한 '고전적' 물리학자였다. 자연에 대한 뉴턴식 사고방식은 향후 200여 년 동안 과학자들의 길을 안내하는 이정표가 되었으며, 모든 이론은 뉴턴의 고전역학에 그 뿌리를 두고 있었다. 그러다가 20세기 전반기에 이르러 뉴턴은 아인슈타인이라는 천재에게 제왕의 자리를 넘겨주어야 했다. 제멋대로 헝클어진 머리카락과 넋이 나간 듯한 표정, 그리고 초인적인 통찰력과 집중력으로 대변되는 아인슈타인은 물리학적 사고방식을 통째로 바꾸어 새로운 물리학을 탄생시켰다.

리처드 파인만(Richard Phillips Feynman)은 20세기 후반기를 평정한 물리학의 영웅이었으며, 이 영광스런 지위를 얻은 최초의 미국인이기도 했다. 1918년 미국 뉴욕에서 태어나 동부의 대학에서 교육을 받았던 그는 양자역학과 상대성 이론으로 기존의 세계관을 뒤집었던 물리학의 황금기(1900~1930년)에 소년시절을 보냈기 때문에, 어찌 보면 시기를 잘못 타고난 천재라고 부를 수도 있을 것이다. 이 당시에 정립된 개념들은 엄밀한 검증을 거치면서 '새로운 물리학' 또는 '현대 물리학'이라는 이름으로 절대적인 권위를 누리게 되었는데, 이 기초에서 연구를 시작한 파인만은 현대 물리학이 지금의 모습으로 자리잡는데 가장 커다란 역할을 했던 물리학자이다. 그의 업적은 물리학의 전 분야를 망라하고 있으며, 후대 물리학자들의 사고방식에 지대한 영향을 주었다.

파인만은 정말로 뛰어난 이론 물리학자였다. 뉴턴은 이론과 실험분야에서 모두 재능을 보였고, 아인슈타인은 실험을 하찮게 여기며 오로지 두뇌의 사고에만 의존하는 스타일이었지만, 파인만은 이론을 통하여 자연에 대한 깊은 이해를 도모하는 동시에 먼지 날리는 실험실에서 자연의 실체와 직접 몸싸움을 벌인 물리학의 야전사령관이기도 했다. 우주왕복선 챌린저호가 발사 직후 공중 폭파되는 재앙이 일어났을 때, 파인만은 논리적 추론만으로 사고의 원인을 정확하게 지적함으로써 관계자들을 놀라게 했다. 깊은 통찰력과 현실적인 응용력을 두루 갖춘 물리학자. 파인만은 그런 사람이었다.

파인만의 이름이 세상에 알려지기 시작한 것은 그가 양자전기역학(QED : Quantum Electrodynamics)의 이론체계를 완성하던 무렵이었다. 실제로 양자이론은 QED의 탄생과 함께 시작되었다고 해도 과언이 아니다. 1900년에 독일의 물리학자였던 막스 플랑크(Max Planck)가 흑체복사 현상을 설명하기 위해 '빛의 에너지는 양자(덩어리)의 형태로 존재한다' 는 가설을 내세웠다(빛의 양자는 지금 광자(photon)라는 이름으로 불린다). 그 이후로 1930년대 초반에 이르기까지, 전하를 가진 입자들에 의해 빛이 방출되고 흡수되는 원리는 여러 학자들에 의해 수학적으로 정리되었다. 그러나 QED의 전신에 해당되는 이 이론은 심각한 문제점을 갖고 있었다. 이로부터 계산된 구체적인 물리량들이 엉뚱한 값을 주는가 하면, 심지어는 무한대가 되어버리는 경우도 있었기 때문이다. 1940년대에 청년 파인만은 커다란 열정을 갖고 올바른 QED를 찾는 여정에 올랐다.

올바른 QED는 양자역학뿐만 아니라 상대론적 효과까지도 고려되어야 했다. 그런데 이 두 개의 이론은 수학적 체계가 너무 달랐기 때문에 복잡하기 그지없는 방정식들을 한데 합치는 것은 결코 만만한 작업이 아니었다. 파인만과 같은 시대에 활동했던 수많은 물리학자들이 이 문제에 매달려 혼신의 노력을 기울였다. 그러나 파인만은 기존의 접근 방법과 전혀 다른 길을 모색하고 있었다. 그의 방법은 너무나도 혁신적이어서, 수학을 전혀 사용하지 않고서도 올바른 답을 얻어낼 수 있었다!

이 놀랍고도 영감어린 해결방법을 구체화시키기 위해, 파인만은 새로운 도식(diagram: 다이아그램)을 만들어냈다. 파인만 다이아그램은 전자와 광자를 비롯한 여러 입자들이 상호작용을 주고받을 때 벌어지는 상황을 일목요연하게 보여주는, 매우 강력한 수단이다. 요즈음 파인만 다이아그램은 이 분야의 학자들이 매일같이 연구노트에 끄적이는 일상사가 되었지만, 1950년대 초의 파인만 다이아그램은 이론 물리학의 고전적 사고방식과 작별을 고하는 분수령, 바로 그것이었다.

물리학은 가장 엄밀한 과학이지만, 현재의 지식이 불완전하다고 해서 그냥 폐기처분할 수는 없다. 파인만은 젊은 시절에 기존 물리학의 원리들을 착실하게 습득하였고, 초창기의 연구도 평범한 문제를 크게 벗어나지 않았었다. 그는 고립된 공간에서 오로지 연구에 파묻히거나, 돌연 새로운 분야에 뛰어들어 갑작스런 재능을 발휘하는 식의 천재가 아니었다. 그의 주특기는 물리학의 주된 현안을 자기만의 방식으로 접근하여 새로운 관점을 만들어내는 것이었다. 기존의 이론체계를 고집하지 않고 자신만의 고유한 방법으로 직관적인 이해를 도모하는 것이 바로 파인만식 물리학이었던 것이다. 대다수의 물리학자들은 주도면밀한 수학에 의존하여 앞으로 나아갈 길을 판단하는데, 파인만은 이러한 면에서는 매우 호탕한 물리학자였다. 그는 마치 책을 읽듯이 자연을 읽어내며, 자신이 발견한 것을 전혀 지루하지 않게, 그리고 복잡하지 않게 설명하는 비상한 재능을 갖고 있었다.

파인만은 엄밀한 수학체계를 별로 좋아하지 않았다. 그러면서도 그는 자연에 대한 깊은 이해에 도달한, 몇 안 되는 물리학자였다. 이론 물리학은 눈에 보이지 않는 추상적인 대상을 엄청나게 복잡한 수학으로 설명하는 매우 고난도의 학문이기 때문에, 수많은 훈련을 통해 최고의 수준에 이른 학자만이 이 분야를 진보시킬 수 있다. 그러나 파인만은 이론 물리학을 거의 가지고 놀았으며, 마치 미리 심어놓은 지식의 나무에서 열매를 따듯이 너무나 간단하고 명쾌한 논리로 당대의 과제들을 해결해 나갔다.

파인만의 이러한 학문적 스타일은 그의 개인적인 성품에서 비롯되었을 것이다. 그는 이 세상을 마치 하나의 커다란 게임의 장으로 생각하는 사람이었다. 그는 물리적 우주로부터 흥미 있는 수수께끼를 골라내어 특유의 재치로 해결하였으며, 인간적인 삶에서도 이와 비슷한 자세를 견지하였다. 타고난 익살과 장난으로도 유명했던 그는 자신의 명성과 학문적 업적들을 고리타분한 수학처럼 따분하게 여겼다. QED를 완성한 공로로 노벨상을 수상할 때에도 그는 딱히 상을 거절할 이유가 없어서 마지못해 받았다고 한다.

격식을 싫어하는 품성과 함께, 파인만은 기발하고 어려운 문제들을 특히 좋아했다. 그의 임종 무렵에 다큐멘터리로 방영되기도 했던 중앙아시아의 잃어버린 제국 투바(Tuva)에 그가 각별한 관심을 보였다는 것은 독자들도 잘 알고 있을 것이다(파인만의 사후에 친구인 랠프

레이튼이 쓴 『투바』(해나무)라는 책에 자세한 내용이 나와 있다: 옮긴이). 뿐만 아니라 그는 봉고 드럼의 명수였고, 아마추어 화가였으며, 마야의 고문서를 해독하는 암호 해독가이기도 했다.

파인만은 자신만의 독특한 개성을 살리는 데에도 결코 게으르지 않았다. 논문 쓰는 것은 별로 좋아하지 않았지만, 대화를 나눌 때에는 누구 못지않은 달변이었고, 자신의 아이디어나 재치를 말로 표현하는 것을 매우 즐겼다. 그가 남긴 일화들은 흐르는 세월과 함께 누적되어 기발하고 독특한 삶을 대변하는 전설로서 여러 사람들의 입에 회자되고 있다. 파인만의 정감 넘치는 매너는 특히 젊은 학생들에게 깊은 인상을 남겨, 학생들은 그를 영웅처럼 존경하고 숭배했다. 1988년, 파인만이 암으로 세상을 떠났을 때 그가 생의 대부분을 보냈던 칼텍(Caltech: 캘리포니아 공과대학)의 학생들은 아주 짧은 문장이 새겨진 현수막을 걸었다. "딕, 우리는 당신을 사랑합니다."(딕Dick은 리처드의 애칭: 옮긴이)

파인만이 초일류의 의사소통 능력을 가질 수 있었던 것은 그의 낙천적인 성격 덕분이었던 것 같다. 그는 정규 강의나 대학원생의 논문 지도에 많은 시간을 할애하지 않았지만, 자신의 체질에 맞는 강의에는 번뜩이는 영감과 깊은 통찰, 그리고 재미난 유머를 적절히 구사하여 세계 최고 수준의 강의를 이끌었다.

1960년대 초반에 파인만은 칼텍의 1~2학년 학생들에게 기초 물리학을 강의해 달라는 요청을 받았다. 그리고 그는 당당한 태도와 자유로운 분위기, 독특한 유머를 구사해가며 환상적인 강의를 베풀었다.

다행히도 이 불멸의 강의는 책으로 남아 후대에 전수될 수 있었다. 『파인만의 물리학 강의』라는 제목으로 출판된 이 강의록은 지금도 전 세계 물리학도의 필독서로서, 물리학을 향한 학생들의 열정에 끊임없이 자양분을 제공하고 있다. 초판이 발행된 후로 30년이 흘렀지만 이 책의 생명력은 한층 더 위력을 발휘하고 있다(이 책의 초판은 1963년에 나왔고, 이 서문은 1994년판에 덧붙여진 것이다: 옮긴이). 『파인만의 여섯 가지 물리 이야기』는 바로 이 강의록에서 일부분을 발췌, 편집한 것이다. 원래의 강의록에 있는 52개의 장(chapter)들 중 비교적 수식이 적고 이해하기 쉬운 여섯 개의 장을 소개함으로써, 일반 독자들에게 파인만 강의의 진수를 조금이나마 전달하려는 것이 이 책의 목적이다.

파인만의 강의에서 가장 놀라운 것은, 수학이나 전문용어를 어지럽게 늘어놓지 않고 지극히 일상적인 사례들로부터 최첨단의 물리 개념을 자연스럽게 이끌어 낸다는 점이다. 자질구레한 설명을 모두 생략한 채로 물리학의 심오한 이론을 일상사에서 유추해내는 능력이야말로 파인만의 전매특허이다.

이 책에서 선정된 주제들은 독자들에게 현대 물리학을 이해시킨다기보다 파인만식 문제 접근법을 소개한다는 의미를 담고 있다. 독자들은 힘이나 운동과 같이 평이한 개념에서 새로운 영감을 떠올리는 파인만의 독특한 사고방식을 이 책에서 경험하게 될 것이다. 문제의 핵심이 되는 개념들은 한결같이 평범한 일상으로부터 유도된다. 이것이 바로 파인만식 강의의 진수이다.

물리학에서 가장 널리 알려진 법칙은 아마도 이 책의 5장에 나오는 뉴턴의 중력이론일 것이다. 이 문제는 태양계의 운동에서 유도되어 케플러(Johannes Kepler)의 법칙으로 연결된다. 그러나 파인만은 중력이 우주 전역에 걸쳐 광범위하게 작용하는 힘임을 강조하기 위해, 천문학과 우주론적 규모에서 중력을 설명하고 있다. 성단(cluster)이 서로 접근하는 사진을 제시하면서, 파인만은 특유의 위트를 발휘한다. "이 사진 속에서 중력의 존재를 느끼지 못하는 사람은 영혼이 없는 사람이다."

고에너지 입자 물리학은 제 2차 세계대전 후에 장족의 발전을 이룬 이론 물리학의 꽃으로서 거대한 입자가속기와 계속해서 발견되는 새로운 소립자들로 인해 많은 관심을 끌고 있다. 그리고 파인만의 주된 연구 분야는 바로 이 입자 물리의 왕국, 즉 원자규모의 미시세계에서 벌어지는 기이한 현상들을 논리적으로 설명하는 것이었다. 입자 물리학자들은 대칭성과 보존법칙을 이용하여 미시세계의 모든 현상들을 하나의 법칙으로 통일하려는 시도를 하고 있다.

입자 물리학자들에게 알려져 있는 여러 가지 대칭성은 고전 물리학에서도 이미 존재하던 개념이었다. 이들 중에서 가장 기본이 되는 대칭은 시간과 공간의 균질성(homogeneity)이다. 시간을 예로 들어보자. 우주의 시간이 처음 시작되었다는 빅뱅은 예외로 하고, 하나의 순간과 그 다음에 오는 순간은 물리적으로 완전히 동등하다. 이를 두고 물리학자들은 이 세계가 "시간변환에 대하여 불변"이라고 말한다. 즉, 아침에 관측을 하건 오밤중에 측정을 하건 간에, 자연현상을 서술하는 물리법칙은 변하지 않는다는 의미이다. 물리적 과정은 시간의 기준을 어느 시점으로 잡느냐에 따라 달라지지 않는다. 그리고 이 시간에 관한 대칭성은 가장 기본적이면서도 가장 중요한 물리법칙 하나를 우리에게 제공한다. 에너지 보존법칙이 바로 그것이다. 이 법칙에 의하면 에너지는 다른 장소로 옮겨지거나 형태가 변할 수는 있지만, 새로 창조되거나 소멸되지는 않는다. 파인만은 이 법칙을 개구쟁이 데니스가 엄마 몰래 장난감을 숨기는 상황에서 자연스럽게 유도해낸다(제 4장).

이 책에서 가장 흥미진진한 부분은 양자역학을 설명한 제 6장이다. 양자역학은 20세기 물리학의 선봉장이자 과학사상 가장 성공적인 이론이기도 하다. 원자규모 이하의 미시세계와 원자, 분자, 화학결합, 고체의 결정구조 등은 양자역학 없이 결코 이해될 수 없다. 뿐만 아니라 초전도체, 초유동체, 전기 및 열전도, 반도체, 별의 구조 등도 양자역학의 도움으로 이해될 수 있었다. 양자역학은 레이저부터 마이크로칩에 이르기까지 응용분야도 매우 다양하다. 그런데 이 세기적 이론은 그야말로 말도 안 되는 논리에 그 뿌리를 두고 있다! 양자역학의 산파역할을 했던 닐스 보어(Niels Bohr)는 이렇게 말했다. "양자역학의 이론을 듣고도 놀라지 않는 사람은, 그것을 제대로 이해하지 못한 사람이다."

양자역학은 우리의 상식에서 완전하게 벗어난 논리체계를 갖고 있다. 예를 들어, 전자는 정확한 위치와 정확한 양의 운동량을 동시에 정확하게 가질 수 없다. 만일 당신이 전자의 위치를 정확하게 알고자 한다면, 그것만은 얼마든지 알 수 있다. 그리고 전자의 운동량만을 정확하게 알고 싶다면 그 역시 가능하다. 그러나 이 두 가지를 동시에 정확하게 알 수는 없다. 이것은 흔히 발생하는 측정상의 오차가 아니라 자연계에 존재하는 기본법칙이다. 그러므로 전자의 위치와 운동량을 정확한 값으로 가정하는 것은 의미가 없다.

극미의 입자들의 이러한 성질은 하이젠베르크(Werner Heisenberg)의 불확정성원리(uncertainty principle)에 잘 표현되어 있다. 물론 이러한 성질은 전자만이 갖는 것은 아니다. 광자를 비롯한 다른 입자들도 불확정성원리의 지배를 받는다. 모든 입자들은 입자의 성질과 함께 파동의 성질을 함께 갖고 있으며, 이 두 가지 성질은 결코 동시에 나타나지 않는다.

파인만이 제안한 '이중 슬릿 실험'은 파동-입자의 이중성을 분명하게 보여주는 전형적인 사례로서, 양자역학 교과서에 빠지지 않고 등장하는 메뉴이다. 파인만은 몇 개의 간단한 아이디어에서 출발하여 양자역학의 핵심부로 독자들을 인도할 것이며, 그곳에서 일어나고 있는 역설적 현상들을 눈에 보이듯이 생생하게 재현시켜 줄 것이다.

양자역학의 첫 교과서는 1930년대에 탄생했지만, 젊은 파인만은 그것을 전혀 다른 각도에서 바라봄으로써 이전과는 전혀 다른 그림을 그려낼 수 있었다. 파인만이 개발한 방법은 너무도 명료하여, 마치 양자세계가 우리의 눈앞에서 요동을 치는 듯 하다. 그의 아이디어는 공간을 가르는 입자의 궤적이 양자역학적으로 정확하게(유일하게) 정의될 수 없다는 데 기초를 두고 있다. 공간상의 A지점에서 B지점으로 이동하는 전자를 생각해보자. 양자역학의 법칙을 따르는 전자는 두 지점 사이를 연결하는 단 하나의 경로를 따라가는 것이 아니라, 모든 가능한 경로들을 '동시에' 지나간다! 그리고 이러한 사건이 일어날 확률은 개개의 경로들에 대한 확률을 모두 더하여 얻어진다.

이것이 바로 그 유명한 파인만의 경로적분(path integral)으로서, 양자역학을 수학적으로 구현하는 경이로운 방법이었다. 처음에는 이 황당한 방법에 회의를 느끼는 물리학자도 있었지만, 중력과 우주론 같이 극한의 상황에 양자역학을 적용했을 때 가장 훌륭한 계산도구는 단연 파인만의 경로적분이었다. 아마도 훗날 과학사에는 파인만이 이룬 모든 업적 중에서 가장 뛰어난 것으로 경로적분이 언급될 것이다.

이 책에 제시된 아이디어들 중 상당수는 다분히 철학적이다. 파인만은 다분히 철학자적인 기질을 갖고 있었다. 언젠가 나는 파인만과 함께 현학적인 대화를 나눈 적이 있다. 우리의 토론 주제는 "자연을 서술하는 수학과 물리학의 법칙들이 관념적 실체를 서술할 수 있는가?"에 관한 것이었는데, 파인만은 대다수의 물리학자들과는 달리 환원주의적 사고방식을 경계하면서 수학에 의존하지 않는 물리학의 중요성을 나에게 환기시켜주었다. 그에게 있어 물리학은 수학적 계산으로 얻어진 결과가 아니라, 자연을 가장 쉽고 명료하게 이해하는 강력한 수단이었던 것이다.

이제 우리는 리처드 파인만 같은 물리학자를 두 번 다시 볼 수 없을 것이다. 그는 물리학자이기 이전에 한사람의 진솔한 인간이었으며, 그가 남긴 물리학은 특유의 생명력을 발휘하면서 우리의 앞길을 인도

할 것이다. 파인만은 추상적 개념으로 가득 찬 신비의 세계를 탐험하면서 후배들에게 명백한 자취를 남겼다. 이 책은 그 위대했던 인간의 사고방식을 일부분이나마 분명하게 보여줄 것이다.

폴 데이비스

1994년 9월

머 리 말

『파인만의 물리학 강의』에서 발췌

파인만의 명성은 말년에 이르러 물리학계를 넘어선 곳까지 알려지게 되었다. 우주왕복선 챌린저호가 참사를 당했을 때, 진상조사위원회의 일원으로 활동하면서 파인만은 대중적 인물이 되었다. 또한 그의 엉뚱한 모험담 (『파인만씨, 농담도 잘하시네!』(사이언스북스): 옮긴이)이 일약 베스트셀러가 되면서, 그는 아인슈타인 못지않은 대중적 영웅이 되기도 했다. 노벨상을 수상하기 전인 1961년에도 그의 명성은 이미 전설이 되어 있었다. 어려운 이론을 쉽게 이해시키는 그의 탁월한 능력은 앞으로도 오랜 세월동안 전설로 남을 것이다.

그는 진정으로 뛰어난 스승이었다. 당대는 물론, 지금의 시대를 통틀어서 그와 필적할만한 스승은 찾기 힘들 것이다. 파인만에게 있어서 강의실은 하나의 무대였으며, 강의를 하는 사람은 교과내용뿐만 아니라 드라마틱한 요소와 번뜩이는 기지를 보여줘야 할 의무가 있는 연극배우였다. 그는 팔을 휘저으며 강단을 이리저리 돌아다니곤 했는데, 뉴욕타임즈의 한 기자는 "이론 물리학자와 서커스 광대, 현란한 몸짓, 음향효과 등의 절묘한 결합"이라는 평을 내렸다. 그의 강연을 들어본 사람은 학생이건, 동료건, 또는 일반인들이건 간에 그 환상적인 강연 내용과 함께 파인만이라는 캐릭터를 영원히 잊지 못할 것이다.

그는 강의실 안에서 진행되는 연극을 어느 누구보다도 훌륭하게 연출해냈다. 청중들의 시선을 한곳으로 집중시키는 그의 탁월한 능력은 타의 추종을 불허했다. 여러 해 전에 그는 고급 양자역학을 강의한 적이 있었는데, 학부 수강생들로 가득찬 그 강의실에는 대학원생 몇 명과 칼텍 물리학과의 교수들도 끼어 있었다. 어느 날 강의 도중에 파인만은 복잡한 적분을 그림(다이아그램)으로 나타내는 기발한 방법을 설명하기 시작했다. 시간축과 공간축을 그리고, 상호작용을 나타내는 구불구불한 선을 그려나가면서 한동안 청중들의 넋을 빼앗는가 싶더니, 어느 순간에 씨익 웃으며 청중들을 향해 이렇게 말하는 것이었다. "…그리고, 이것을 '바로' 다이아그램(THE daigram)이라고 부릅니다!" 그 순간, 파인만의 강의는 절정에 달했고 좌중에서는 우레와 같은 박수갈채가 터져 나왔다. 바로 '파인만 다이아그램'이 탄생하던 순간이었다.

파인만은 이 책에 수록된 강의를 마친 후에도 여러 해 동안 칼텍의 신입생을 대상으로 하는 물리학 강의에서 특별 강사로 나서기도 했다. 그런데 그가 강의를 한다는 소문이 퍼지면 강의실이 메어터질 정도로 수강생들이 모여들었기 때문에, 수강인원을 조절하기 위해서라도 개강 전까지 강사의 이름을 비밀에 부쳐야 했다. 1987년에 초신성이 발견되어 학계가 술렁이고 있을 때, 파인만은 휘어진 시공간에 대한 강의를 하면서 이런 말을 한 적이 있다. "티코 브라헤(Tycho Brahe)는 자신만의 초신성을 갖고 있었으며, 케플러도 초신성을 갖고 있었습니다. 그리고 그 후로 400년 동안은 어느 누구도 그것을 갖지 못했지요. 그런데 지금 저는 드디어 저만의 초신성을 갖게 되었습니다!" 학생들은 숨을 죽이며 그 다음에 나올 말을 기다렸고, 파인만은 계속해서 말을 이어나갔다. "하나의 은하 속에는 10^{11}개의 별이 있습니다. 이것은 정말로 큰 숫자입니다. 그런데 이 숫자를 소리 내서 읽어보면 단지 천억에 불과합니다. 우리나라 국가 예산의 1년간 적자액수보다도 작단 말입니다. 그동안 우리는 이런 수를 가리켜 '천문학적 숫자' 라고 불러왔습니다만, 이제 다시 보니 '경제학적' 숫자라고 부르는 게 차라리 낫겠습니다." 이 말이 끝나는 순간, 강의실은 웃음바다가 되었고 재치어린 농담으로 청중을 사로잡은 파인만은 강의를 계속 진행해나갔다.

파인만의 강의 비결은 아주 간단했다. 칼텍의 문서 보관소에 소장된 그의 노트에는 1952년 브라질에 잠시 머물면서 자신의 교육철학을 자필로 남겨놓은 부분이 아직도 남아있다.

"우선, 당신이 강의하는 내용을 학생들이 왜 배워야하는지, 그 점을 명확하게 파악하라. 일단 이것이 분명해지면 강의 방법은 자연스럽게 떠오를 것이다."

파인만에게 자연스럽게 떠오른 것은 한결같이 강의 내용의 핵심을 찌르는 영감어린 아이디어들이었다. 한번은 어떤 공개강연석상에서 '한 아이디어의 타당성을 증명할 때, 그 아이디어를 맨 처음 도입하면서 사용된 데이터를 다시 사용할 수 없는 경우도 있다' 는 것을 설명하다가 잠시 논지에서 벗어난 듯 느닷없이 자동차 번호판에 관한 이야기를 꺼냈다. "오늘 저녁에 저는 정말로 놀라운 일을 겪었습니다. 강의실으로 오는 길에 차를 몰고 주차장으로 들어갔는데, 정말 기적 같은 일이 벌어진 겁니다. 옆에 있는 자동차의 번호판을 보니, 글쎄, ARW 357번이 아니겠습니까? 이게 얼마나 신기한 일입니까? 이 주에서 돌아다니는 수백만 대의 자동차들 중에서 하필이면 그 차와 마주칠 확률이 대체 얼마나 되겠습니까? 기적이 아니고서는 불가능한 일이지요!" 평범한 과학자들이 흔히 놓치기 쉬운 개념들도, 파인만의 놀라운 '상식' 앞에서는 그 모습이 명백하게 드러나곤 했다.

파인만은 1952년부터 1987년까지 35년 동안 칼텍에서 34개의 강좌를 맡아서 강의했다. 이 중에서 25개 강좌는 대학원생을 위한 과목이었으며, 학부생들이 이 강좌를 들으려면 따로 허가를 받아야 했다(종종 수강신청을 하는 학부생들이 있었고, 거의 언제나 수강이 허락되었다). 파인만이 오로지 학부생만을 위해 강의를 한 것은 단 한 번뿐이었는데, 이 강의 내용을 편집하여 출판한 것이 바로 『파인만의 물리학 강의』이다.

당시, 칼텍의 1~2학년생들은 필수과목으로 지정된 물리학을 2년 동안 수강해야 했다. 그러나 학생들은 어려운 강의로 인해 물리학에 매혹되기 보다는 점점 흥미를 잃어가는 경우가 많았다. 이런 상황을 개선하기 위하여, 학교 측에서는 신입생들을 대상으로 한 강의를 파인만에게 부탁하게 되었고, 그 강의는 2년 동안 계속되었다. 파인만이 강의를 수락했을 때, 이와 동시에 수업의 강의노트를 책으로 출판하기로 결정했다. 그러나 막상 작업에 들어가 보니 그것은 애초에 생각했던 것보다 훨씬 더 어려운 일이었다. 이 일 때문에 파인만 본인은 물론이고 그의 동료들까지 엄청난 양의 노동을 감수해야 했다.

강의내용도 사전에 결정해야만 했다. 파인만은 자신의 강의 내용에 관하여 대략적인 아우트라인만 설정해두고 있었기 때문에, 이것 역시 엄청나게 복잡한 일이었다. 파인만이 강의실에 들어가 운을 떼기 전에는 그가 무슨 내용으로 강의를 할지 아무도 몰랐던 것이다. 또한 칼텍의 교수들은 학생들에게 내줄 과제물들을 선정하는 등 파인만이 강의를 진행하는데 필요한 잡다한 일들을 최선을 다해 도와주었다.

물리학의 최고봉에 오른 파인만이 왜 신입생들의 물리학 교육을 위해 2년 이상의 세월을 투자했을까? 내 개인적인 짐작이긴 하지만, 거기에는 대충 세 가지의 이유가 있었을 것이다. 첫째로, 그는 다수의 청중들에게 강의하는 것을 좋아했다. 그래서 대학원 강의실보다 훨씬 큰 대형 강의실을 사용한다는 것이 그의 성취동기를 자극했을 것이다. 두 번째 이유로, 파인만은 진정으로 학생들을 염려해주면서, 신입생들을 제대로 교육시키는 것이야말로 물리학의 미래를 좌우하는 막중대사라고 생각했다. 그리고 가장 중요한 세 번째 이유는 파인만 자신이 이해하고 있는 물리학을 어린 학생들도 알아들을 수 있는 쉬운 형태로 재구성하는 것에 커다란 흥미를 느꼈다는 점이다. 이 작업은 자신의 이해 수준을 가늠해보는 척도였을 것이다. 언젠가 칼텍의 동료교수 한 사람이 파인만에게 질문을 던졌다. “스핀이 1/2인 입자들이 페르미-디락의 통계를 따르는 이유가 뭘까?” 파인만은 즉각적인 답을 회피하면서 이렇게 말했다. "그 내용으로 1학년생들을 위한 강의를 준비해보겠네." 그러나 몇 주가 지난 후에 파인만은 솔직하게 털어놓았다. "자네도 짐작했겠지만, 아직 강의노트를 만들지 못했어. 1학년생들도 알아듣게끔 설명할 방법이 없더라구. 그러니까 내 말은, 우리가 아직 그것을 제대로 이해하지 못하고 있다는 뜻이야. 내 말 알아듣겠나?"

난해한 아이디어를 일상적인 언어로 쉽게 풀어내는 파인만의 특기는 『파인만의 물리학 강의』 전반에 걸쳐 유감없이 발휘되고 있다. 특히 이 점은 양자역학을 설명할 때 가장 두드러지게 나타난다. 그는 물리학을 처음 배우는 학생들에게 경로적분법을 강의하기도 했다. 이것은 물리학 역사상 가장 심오한 문제를 해결해 준 경이로운 계산법으로서, 그 원조가 바로 파인만 자신이었다. 물론 다른 업적도 많이 있었지만, 경로적분법을 개발해낸 공로를 전 세계적으로 인정받은 그는 1965년에 줄리안 슈윙어(Julian Schwinger), 도모나가 신이치로(朝永振一郎)와 함께 노벨 물리학상을 수상하였다.

파인만의 강의를 들었던 학생들과 동료 교수들은 지금도 그때의 감동을 떠올리며 고인을 추모하고 있다. 그러나 강의가 진행되던 당시에는 분위기가 사뭇 달랐었다. 많은 학생들이 파인만의 강의를 부담스러워했고, 시간이 갈수록 학부생들의 출석률이 저조해지는 반면에 교수들과 대학원생들의 수가 늘어나기 시작했다. 그 덕분에 강의실은 항상 만원이었으므로, 파인만은 정작 강의를 들어야 할 학부생이 줄어들고 있다는 것을 눈치채지 못했을 것이다. 돌이켜보면, 파인만 스스로도 자신의 강의에 만족하지 않았던 것 같다. 1963년에 작성된 그의 강의노트 머리말에는 다음과 같은 글귀가 적혀 있다. "내 강의는 학생들에게 큰 도움을 주지 못했다." 그의 강의록을 읽고 있노라면, 그가 학부생들이 아닌 동료 교수들을 향하여 이렇게 외치고 있는 듯하다. "이것 봐! 내가 이 어려운 문제를 얼마나 쉽고 명쾌하게 설명했는지 좀 보라구! 정말 대단하지 않은가 말이야!" 그러나 파인만의 명쾌한 설명에도 불구하고 그의 강의로부터 득을 얻은 것은 학부생들이 아니었다. 그 역사적인 강의의 수혜자들은 주로 칼텍의 교수들이었다. 그들은 파인만의 역동적이고 영감어린 강의를 편안한 마음으로 감상하면서 마음속으로는 깊은 찬사를 보내고 있었다.

파인만은 물론 훌륭한 교수였지만, 그 이상의 무언가를 느끼게 하는 사람이었다. 그는 교사 중에서도 가장 뛰어난 교사였으며, 물리학의 전도를 위해 이 세상에 태어난 천재 중의 천재였다. 만약 그의 강의가 단순히 학생들에게 시험문제를 푸는 기술을 가르치기 위한 것이었다면 『파인만의 물리학 강의』는 성공작으로 보기 어려울 것이다. 더구나 강의의 의도가 대학 신입생들을 위한 교재 출판에 있었다면 이것 역시 목적을 이루었다고 볼 수 없다. 그러나 그의 강의록은 현재 10개국어로 번역되었으며, 2개국어 대역판도 네 종류나 된다. 파인만은 자신이 물리학계에 남긴 가장 큰 업적이 무엇이라고 생각했을까? 그것은 QED도 아니었고 초유체 헬륨이론도, 폴라론(polaron)이론도, 파톤(parton)이론도 아니었다. 그가 생각했던 가장 큰 업적은 바로 붉은 표지 위에 『파인만의 물리학 강의』라고 선명하게 적혀 있는 3권의 강의록이었다. 그의 유지를 받들어 위대한 강의록의 기념판이 새롭게 출판된 것을 기쁘게 생각한다.

1989년 4월

데이빗 굿스타인(David Goodstein)

게리 노이게바우어(Gerry Neugebauer)

캘리포니아 공과대학

리처드 파인만의 머리말

「파인만의 물리학 강의」에서 발췌

이 책은 내가 1961~1962년에 걸쳐 칼텍의 1~2학년생들을 대상으로 강의했던 내용을 편집한 것이다. 물론, 강의내용을 그대로 옮긴 것은 아니다. 편집 과정에서 상당 부분이 수정되었고, 전체 강의내용 중 일부는 이 책에서 누락되었다. 강의의 수강생은 모두 180명이었는데, 일주일에 두 번씩 대형 강의실에 모여서 강의를 들었으며, 15~20명의 소그룹을 이루어 조교의 지도 하에 토론을 하는 시간도 있었다. 그리고 실험실습도 매주 한 차례씩 병행되었다.

우리가 이 강좌를 개설한 의도는 고등학교를 갓 졸업하고 칼텍에 진학한 열성적이고 똑똑한 학생들이 물리학에 꾸준한 관심을 갖게끔 유도하자는 것이었다. 사실 학생들은 그동안 상대성이론이나 양자역학 등 현대 물리학의 신비로운 매력에 끌려 기대에 찬 관심을 가져오다가도, 일단 대학에 들어와 2년 동안 물리학을 배우다보면 다들 의기소침해지기 일쑤였다. 장대하면서도 파격적인 현대 물리학을 배우지 못하고, 기울어진 평면이나 정전기학 등 다소 썰렁한 고전 물리학을 주로 배웠기 때문이다. 이런 식으로 2년이 지나면 똑똑했던 학생들도 점차 바보가 되어가면서, 물리학을 향한 열정도 차갑게 식어버리는 경우가 다반사였다. 그래서 우리 교수들은 우수한 학생들의 물리학을 향한 열정을 유지시켜 주는 특단의 조치를 강구해야만 했다.

이 책에 수록된 강의들은 대략적인 개요만 늘어놓은 것이 아니라 꽤 수준 높은 내용을 담고 있다. 나는 강의의 수준을 수강생 중 가장 우수한 학생에게 맞추었고, 심지어는 그 학생조차도 강의 내용을 완전히 소화할 수 없을 정도로 난이도를 높였다. 그리고 강의의 목적을 제대로 이루기 위해 모든 문장들을 가능한 한 정확하게 표기하려고 많은 애를 썼다. 이 강의는 학생들에게 물리학의 기초 개념을 세워주고 앞으로 배우게 될 새로운 개념의 주춧돌이 될 것이기 때문이다. 또한 나는 이전에 배운 사실로부터 필연적으로 수반되는 새로운 사실이 무엇인지를 학생들이 스스로 깨닫도록 유도하였다. 개연성이 없는 경우에는 그것이 학생들이 이미 알고있는 사실들로부터 유도되지 않은 새로운 아이디어임을 강조하여 '목적 없이 끌려가는 수업' 이 되지 않도록 신경을 썼다.

⚜

강의가 처음 시작되었을 때, 나는 학생들이 고등학교에서 기하광학과 기초화학 등을 이미 배워서 알고 있다고 가정하였다. 그리고 어떤 정해진 순서를 따라가지 않고 필요에 따라 다양한 내용들을 수시로 언급함으로써 적극적인 학생들의 지적 호기심을 자극시켰다. 완전히 준비되었을 때에만 입을 열어야 한다는 법이 어디 있는가? 이 책에는 충분한 설명 없이 간략하게 언급된 개념들이 도처에 널려있다. 그리고 이 개념들은 충분한 사전지식이 전달된 후에 자세히 다룸으로써 학생들이 성취감을 느낄 수 있도록 하였다.

적극적인 학생들에게 자극을 주는 것도 중요했지만, 강의에 별 흥미를 갖지 못하거나 강의 내용을 거의 이해하지 못하는 학생들도 배려해야 했다. 이런 학생들은 내 강의를 들으면서 지적 성취감을 느끼지는 못하겠지만, 적어도 강의 내용의 핵심을 이루는 아이디어만은 건질 수 있도록 최선을 다했다. 내가 하는 말을 전혀 알아듣지 못한 학생이 있다 해도 그것은 전혀 실망할 일이 아니었다. 나는 학생들이 모든 것을 이해하기를 바라지 않았다. 논리의 근간을 이루는 핵심적 개념과 가장 두드러지는 특징 정도만 기억해 준다면 그것으로 대 만족이었다. 사실, 어린 학생들이 강의를 들으면서 무엇이 핵심적 개념이며 무엇이 고급 내용인지를 판단하는 것은 결코 쉬운 일이 아니었을 것이다.

⚜

이 강의를 진행해 나가면서 한 가지 어려웠던 것은, 학생들이 느끼는 강의의 만족도를 가늠할 만한 제도적 장치가 전혀 마련되지 않았다는 점이다. 이것은 정말로 심각한 문제였다. 그래서 나는 지금도 내 강의가 학생들에게 얼마나 도움이 되었는지 감도 못 잡고 있다. 사실, 내 강의는 어느 정도 실험적 성격을 띠고 있었다. 만일 내게 똑같은 강의를 다시 맡아달라는 부탁이 들어온다면, 절대 그런 식으로는 하지 않을 것이다. 솔직히 말해서, 이런 강의를 또다시 맡지 않았으면 좋겠다! 그러나 내가 볼 때, 물리학에 관한 한 첫 번째 해의 강의는 그런 대로 만족스러웠다고 생각한다.

두 번째 해에는 그다지 만족스럽지 못했다. 이 강의에서는 주로 전기와 자기현상을 다루었는데, 보통의 평범한 방법 이외의 기발한 착상으로 이 현상을 설명하고 싶었지만, 결국 나의 강의는 평범함의 범주를 크게 벗어나지 못했다. 그래서 전기와 자기에 관한 강의는 별로 잘했다고 생각하지 않는다. 2년째 강의가 마무리될 무렵에, 나는 물질의 기본 성질에 관한 내용을 추가하여 기본진동과 확산방정식의 해, 진동계, 직교함수 등을 소개함으로써 '수리물리학'의 진수를 조금이나마 보여주고 싶었다. 만일 이 강의를 다시 하게 된다면, 이것을 반드시 실천에 옮길 것이다. 그러나 나는 학생들과 함께 계속해서 진도를 나가야 했다. 세 번째 해의 강의가 기다리고 있었던 것이다. 이번에는 무슨 내용으로 강의를 할까. 여러 가지 의견이 오고 간 결과 양자역학의 기초과정을 강의하기로 결론이 내려졌고, 그 내용은 강의록 3권에 수록되었다.

나중에 물리학을 전공할 학생이라면, 양자역학을 배우기 위해 3학년이 될 때까지 기다릴 수도 있겠지만, 다른 과를 지망하는 다수의 학생들은 장차 자신의 전공분야에서 필요한 기초를 다지기 위해 물리학을 수강하는 경우가 많았다. 그런데 보통의 양자역학 강좌는 주로 물리학과의 고학년을 대상으로 하고 있었기 때문에 이들이 그것을 배우려면 너무 오랫동안 기다려야 했다. 즉, 다른 과를 지망하는 학생들에게 양자역학은 '그림의 떡'이었던 것이다. 그런데 전자공학이나 화학 등의 응용분야에서는 양자역학의 그 복잡한 미분방정식이 별로 쓰이지 않는다. 그래서 나는 편미분방정식과 같은 수학적 내용들을 모두 생략한 채로 양자역학의 기본원리를 설명하기로 마음먹었다. 통상적인 강의방식과 거의 정반대라 할 수 있는 이 강의는 이론 물리학자라면 한번쯤 시도해 볼 만한 가치가 충분히 있었다. 그러나 강의가 막바지에 이르면서 시간이 너무 부족했기 때문에, 나 자신도 만족할 만한 유종의 미를 거두지는 못했다(에너지 밴드나 진폭의 공간의존성 등에 대하여 좀 더 자세히 설명하려면, 적어도 3~4회의 강의가 더 필요했다). 또한, 이런 식의 강의를 처음 해보았기 때문에 학생들로부터 별 반응이 없는 것도 내게는 악재로 작용했다. 역시 양자역학은 고학년을 상대로 가르치는 것이 정상이다. 앞으로 이러한 강의를 또 맡게 된다면 그때는 지금보다 잘할 수 있을 것이다.

나는 수강생들로 하여금 소모임을 조직하여 별도의 토론을 하도록 지시했기 때문에 문제 풀이에 관한 강의를 따로 준비하지는 않았다. 첫해에는 문제 풀이법에 대하여 3차례에 걸쳐 강의를 했었는데, 그 내용은 이 책에 포함시키지 않았다. 그리고 회전계에 관한 강의가 끝난 후에 관성계에 관한 강의가 당연히 이어졌지만, 그것도 이 책에서 누락되었다. 다섯 번째와 여섯 번째 강의는 내가 외부에 나가 있었기 때문에 매튜 샌즈(Matthew Sands)교수가 대신 해주었다.

⚜

이 실험적인 강의가 얼마나 성공적이었는지는 사람들마다 의견이 분분하여 판단을 내리기가 어렵다. 내가 보기에는 다소 회의적이다. 학부생의 입장에서 볼 때는 결코 훌륭한 강의가 아니었을 것이다. 특히 학생들이 제출한 시험답안지를 볼 때, 아무래도 이 강의는 실패작인 것 같다. 물론 개중에는 강의를 잘 따라온 학생들도 있었다. 강의실에 들어왔던 동료 교수들의 말에 의하면, 거의 모든 내용을 이해하고 과제물도 충실하게 제출하면서 끝까지 흥미를 잃지 않은 학생이 10~20명 정도 있었다고 한다. 내 생각에, 이 학생들은 최고 수준의 기초 물리학을 터득한 학생들로서 내가 주로 염두에 두었던 대상이기도 하다. 그러나 역사가인 기본(Edward Gibbon)이 말했던 대로 "수용할 자세가 되어있지 않은 학생에게 열성적인 교육은 별 효과가 없다."

사실, 나는 어떤 학생도 포기하고 싶지 않다. 강의 중에 내가 부지불식간에 그런 실수를 저질렀을지도 모르지만, 순전히 강의가 어렵다는 이유만으로 우수한 학생이 낙오되는 것은 누구에게나 불행한 일이다. 그런 학생들을 돕는 방법 중 하나는 강의 중에 도입된 새로운 개념의 이해를 돕는 연습문제를 부지런히 개발하는 것이다. 연습문제를 풀다 보면 난해한 개념들이 현실적으로 다가오면서, 그들의 마음속에 분명하게 자리를 잡게 될 것이다.

그러나 뭐니 뭐니 해도 가장 훌륭한 교육은 학생과 교사 사이의 개인적인 접촉, 즉 새로운 아이디어에 관하여 함께 생각하고 토론하는 분위기를 조성하는 것이다. 이것이 선행되지 않으면 어떤 방법도 성공을 거두기 어렵다. 강의를 그저 듣기만 하거나 단순히 문제 풀이에 급급해서는 결코 많은 것을 배울 수 없다. 그런데 학교에서는 가르쳐야 할 학생 수가 너무나 많기 때문에 이 이상적인 교육을 실천할 수가 없다. 그러므로 우리는 대안을 찾아야 한다. 이 점에서는 나의 강의가 한몫할 수도 있을 것 같다. 학생 수가 비교적 적은 집단이라면, 이 강의록으로부터 어떤 영감이나 아이디어를 떠올릴 수 있을 것이다. 그들은 생각하는 즐거움을 느낄 것이고, 한 걸음 더 나아가서 아이디어를 더욱 큰 규모로 확장할 수도 있을 것이다.

1963년 6월

리처드 파인만

1961년 9월 26일, 강의실에서 학생들과 함께 있는
리처드 파인만과 로버트 레이튼

제 1 강
움직이는 원자

강의를 시작하며

2년에 걸쳐 진행될 본 물리학 과정은 여러분, 그리고 이 글을 읽는 독자들이 장차 물리학자가 될 사람들이라는 가정 하에 진행될 것이다. 물론 이 가정이 반드시 옳은 것은 아니지만, 대부분의 대학 교수들은 강의에 앞서 이와 비슷한 가정을 내세우는 습관이 있다! 만일 여러분이 정말로 물리학자가 되고자 한다면, 공부해야 할 것들이 눈앞에 산적해 있다. 지난 200년 동안 물리학은 다른 어떤 분야보다도 빠르게 발전하면서 엄청난 양의 지식들을 축적해 왔다. 여러분이 4년 동안 아무리 공부를 열심히 한다 해도, 이들 중 대부분은 아마 배우지 못하고 지나칠 것이다. 분명히 그렇다. 도저히 다 배울 수가 없다. 더 배우고자 한다면 대학원에 진학해야 한다.

지난 세월 동안 끊임없이 쌓여온 방대한 양의 물리학적 지식들이

'법칙' 이라는 이름 하에 간단히 요약될 수 있다는 것은 정말로 놀라운 일이다. 물리학의 법칙들 속에는 우리가 갖고 있는 모든 지식들이 함축되어 있다. 그런데 이 법칙이라는 것들이 너무 어렵기 때문에, 여러분들을 다짜고짜 그 속에 끌어들이는 것은 아무래도 가혹한 처사라고 생각되어 초행자를 위한 안내용 지도를 지금부터 제공하고자 한다. 그것은 여러분에게 여러 과학 분야들 사이의 상호관계를 분명하게 보여줄 것이다. 서론이 끝나고 그 뒤에 이어지는 세 개의 장(chapter)에서는 물리학과 여타 과학 분야들 간의 상호관계와 과학 분야들 사이의 관계, 그리고 과학이라는 말 자체의 의미를 살펴보게 된다. 이 과정을 거치면서 여러분은 우리가 다루게 될 주제에 대하여 어느 정도 감을 잡게 될 것이다.

여러분들 중에는 이렇게 따지고 싶은 사람도 있을 것이다. "잔소리는 다 빼고, 그냥 처음부터 물리학 법칙들을 강의한 뒤에 곧바로 다양한 환경 하에서 응용하는 법을 가르칠 수는 없는 겁니까?" 사실, 유클리드 기하학을 배울 때에도 우리는 다짜고짜 공리에서부터 시작하여 그 위에 온갖 종류의 추론들을 쌓아 올렸었다(물리학을 4년 동안 배우는 것이 낭비라고 생각하는 학생들, 제군들은 그것을 4분 안에 끝내기를 원하는가?). 물리학을 유클리드 기하학처럼 가르칠 수 없는 데에는 두 가지 이유가 있다. 첫 번째 이유는 아직도 우리가 모든 기본법칙들을 알고 있지 못하기 때문이다. 최첨단의 물리학은 한마디로 말해 '무식의 전당' 이다. 두 번째 이유는 물리학의 법칙들을 제대로 서술하려면 보기에도 생소한 고등수학이 반드시 동원되어야 한다는 점이다.

그래서 여러분은 최소한 용어에 익숙해지기 위해서라도 꽤 많은 준비기간을 거쳐야만 하는 것이다. 빨리 배우고 싶은 학생 여러분들의 심정은 이해하지만, 그것은 애초부터 불가능한 일이다. 우리는 맨 첫걸음부터 차근차근 나아가야 한다. 자연에 대해 우리가 알고 있는 것은 진리(또는 우리가 진리라고 믿고 있는)의 '근사적인(approximation)' 서술에 불과하다. 앞에서 말했듯이 아직 우리는 모든 법칙들을 알고 있지 못하기 때문이다. 따라서 우리는 잘못된 지식을 버리거나 수정하기 위해 무언가를 배워야만 하는 것이다.

과학에 대한 정의는 대략 다음과 같이 내릴 수 있다—"과학이란 실험을 통하여 모든 지식을 검증하는 행위이다." 과학적 진리를 검증하는 유일한 방법은 실험뿐이다. 그렇다면 지식의 원천은 무엇인가? 우리 앞에서 검증되기를 기다리는 이 모든 법칙들은 어디에서 온 것인가? 실험 행위 자체는 법칙을 세우는데 도움이 될 수 있다. 실험이 진행되는 와중에 모종의 힌트를 얻을 수도 있기 때문이다. 그러나 이것을 폭넓게 일반화시키려면 상상력이 동원되어야 한다. 실험 중에 얻어진 희미한 실마리로부터 경이롭고 단순한(때로는 신기하기까지 한) 패턴들을 추정해내는 데에는 우리의 상상력이 반드시 요구되는 것이다. 그런 다음에는 우리가 올바른 추측을 내렸는지를 검증하는 또 다른 실험이 계속 이어져야 한다. 그런데, 상상력을 동원하는 과정이 너무 어렵기 때문에 물리학은 몇 개의 분야로 나뉘어져 노동량을 분담하고 있다. 그 중 하나가 이론 물리학으로서, 이론 물리학자들의 주된 업무는 상상과 추론을 통해 새로운 법칙들을 찾아내는 일이다. 그러나 이들은 실험에 관여하지는 않는다. 반면에 실험 물리학자들은 실험을 통해 상상력과 추리력을 발휘하는 사람들이다.

나는 방금 전에, 자연의 법칙이 근사적 법칙이라고 말했다. 그것은 우리가 처음에 찾아낸 법칙은 대부분 '틀린' 것이고, 이것을 수정 · 보완해 나가면서 '올바른' 법칙이 정립되기 때문이다. 그렇다면, 어떻게 실험이 '틀린' 결과를 줄 수 있다는 말인가? 우선 간단한 경우를 생각해 보자. 여러분이 사용하는 실험기구에 여러분도 모르는 하자가 있을 수도 있다. 그러나 이런 문제는 쉽게 수정될 수 있으며, 약간의 조작으로 수정에 따른 효과를 눈으로 확인할 수 있다. 이런 사소한 문제들을 모두 극복한 상황에서도 잘못된 실험결과는 얼마든지 나올 수 있다. 대체 왜 그런 것일까? 바로 정확성이 결여되어 있기 때문이다. 한 가지 예를 들어보자. 물체의 질량은 어떤 경우에도 변하지 않는 것처럼 보인다. 팽이의 무게는 회전할 때나 정지해 있을 때나 똑같다. 여기서 우리는 하나의 법칙, 즉 "질량은 속도와 상관없는 불변량이다"라는 법칙을 만들어낼 수 있다. 그러나 오늘날 이 법칙은 잘못된 것으로 판명되었다. 물체의 질량은 속도가 빠를수록 증가하는 성질을 갖고 있다. 단, 물체의 속도가 광속에 가까워져야 질량증가 효과가 눈에 띄게 나타난다. 따라서 올바른 법칙은 다음과 같다. "물체의 속도가 초속 100마일 이내일 때, 그 물체의 질량은 1/10,000% 이내의 범위에서 불변이다." 이렇게 근사적인 형태로 서술해야 올바른 법칙이 되는 것이다. 여러분은 새롭게 수정된 후자의 법칙이 처음의 법칙과 별반 다를 것이 없다고 생각할지도 모른다. 글쎄, 그 생각은 맞기도 하고 또

틀리기도 하다. 일상적인 속도로 움직이는 물체에 대해서는 이 모든 복잡한 상황을 무시한 채로 질량 불변의 법칙을 그냥 적용해도 별 문제가 없다. 그러나 속도가 빨라지면 그것은 틀린 법칙이 되고, 더 빨라질수록 오류도 그만큼 커지는 것이다.

마지막으로, 가장 흥미 있는 사실 하나를 강조하고 싶다. '근사적으로' 맞는 법칙들은 철학적 관점에서 볼 때 완전히 틀린 법칙이라는 사실이다. 질량의 변화가 아무리 작다 해도 그것이 완전 불변량이 아닌 한, 우리의 자연관은 완전히 달라져야 한다. 이것은 법칙들 뒤에 숨어 있는 자연 철학의 특징이기도 하다. 지극히 미미한 효과 때문에 자연에 대한 개념을 송두리째 바꿔야 했던 경험을 우리는 이미 여러 차례 겪어왔다.

그렇다면, 제일 먼저 무엇을 가르쳐야 하는가? 상대성이론이나 4차원 시공간 이론 등과 같이 '맞기는' 하지만 생소하고 어렵기만 한 법칙들을 먼저 언급하는 것이 과연 바람직한 교습방법일까? 아니면 '질량 보존의 법칙' 처럼 근사적으로 맞긴 하지만 어려운 개념이 들어있지 않은 고전적인 법칙들부터 시작하는 것이 좋은가? 물론, 첫 번째 방법이 더욱 재미있고 경이로운 것은 사실이다. 그러나 초심자들에게는 두 번째 방법이 더 쉽고 후속 개념들을 쌓아 나가는 데에도 무리가 없다. 이것은 물리학을 강의할 때마다 항상 직면하는 문제이다. 앞으로 우리는 상황에 따라서 이 문제를 다양한 방법으로 해결해 나갈 것이다. 그러나 매 단계마다 우리가 다루는 주제가 현재 어느 정도까지 알려져 있으며 얼마나 정확하게 알려져 있는지, 그리고 그것이 다른 법칙들과 어떻게 조화를 이루고 있으며, 앞으로 더 배우게 되면 어떤 부분에 수정이 가해지게 될지를 언급하고 넘어갈 것이다.

이제 우리의 지도에 그려진 길을 따라 현대 과학을 향한 여행을 시작해보자(물리학을 주로 언급하게 되겠지만, 주변의 관련 분야도 함께 다룰 예정이다). 어느 정도 진도가 나간 뒤에 특정 문제에 집중하는 단계가 오면, 여러분은 그 문제가 왜 특별한 관심을 끄는지, 그리고 자연의 거대한 구조에 어떻게 맞아 들어가는지를 알 수 있을 것이다. 결국 여러분은 현재 우리가 갖고 있는 자연관을 수용하고, 그것을 이해하게 될 것이다.

모든 물질은 원자로 이루어져 있다

만일 기존의 모든 과학적 지식들을 송두리째 와해시키는 일대 혁명이 일어나서 다음 세대에 물려줄 과학 지식이 단 한 문장밖에 남아있지 않다면, 그 문장은 어떤 내용을 담고 있을까? 내 생각에 그것은 아마도 '원자가설(atomic hypothesis)' 일 것이다(또는 원자론, 원자적 사실 등 어떤 말로 불러도 상관없다). 즉, '모든 물질은 원자로 이루어져 있으며, 이들은 영원히 운동을 계속하는 작은 입자로서 거리가 어느 정도 이상 떨어져 있을 때에는 서로 잡아당기고, 외부의 힘에 의해 압축되어 거리가 가까워지면 서로 밀어낸다' 는 가설이 그것이다. 여러분도 앞으로 알게 되겠지만, 이 한 문장을 놓고 약간의 사고와 상상력을 동원하면 거기에는 이 세계에 대한 엄청난 양의 정보가 함축되어 있음을 알 수 있다.

원자론의 위력을 실감나게 이해하기 위해 한쪽 길이가 1/4인치(0.63cm) 정도 되는 물방울 한 개를 상상해보자. 아주 가까운 곳에서 들여다봐도, 그것은 그저 매끈한 물의 연속체로 보일 뿐이다. 가장 배율이 높은 광학 현미경으로 2,000배쯤 확대시키면 물방울은 폭이 12m 정도 되는 커다란 방 크기로 확대될 것이다. 그러나 아무리 유심히 들여다봐도 그것은 여전히 매끈한 표면의 물방울일 뿐이다. 단, 이 경우에는 조그만 공처럼 생긴 물체가 이리저리 돌아다니는 광경을 볼 수도 있어 매우 흥미롭다. 그것은 바로 짚신벌레이다. 여러분은 이쯤에서 잠시 행동을 멈추고 꼼지락거리는 짚신벌레의 섬모조직과 뒤틀린 몸체를 매우 신기한 눈으로 바라볼 것이다. 그렇다고 여기서 짚신벌레에 초점을 맞춰 계속 확대해 나간다면 그것은 생물학 실험이 된다. 우리의 목적은 원자론의 참모습을 눈으로 확인하는 것이므로, 안타깝긴 하지만 짚신벌레는 그냥 무시하고 물방울 자체에 초점을 맞춰 2,000배 더 확대시켜 보자. 이제 폭이 24km 크기로 확대된 물방울은 더 이상 매끄러운 표면을 갖고 있지 않다. 무언가 조그만 물체들이 우글거리는 것이, 마치 먼 거리에서 관람석이 가득 메워진 축구 경기장을 보는 것과도 같다. 이 우글거리는 물체를 좀더 정확하게 보기 위해 다시 2,000배 확대시킨다면, 그때 나타나는 광경은 그림 1-1과 비슷할 것이다. 이 그림은 물방울을 10억 배 확대시킨 모습인데, 번잡함을 피하기 위해 몇 가지를 단순화시켰다. 우선, 입자들은 실제로 그림과 같은 원형이 아니다. 그리고 그림에는 2차원적 배열 상태만 표시되어 있는데, 실제 입자들은 3차원 공간을 움직이고 있으므로 배열 역시 3차원적이어야 한다. 그림에 나타난 두 종류의 알갱이들 중 검은 것은 산소원자를 나타내며, 흰색 알갱이는 수소원자이다. 개개의 산소원자에는 두 개의 수소원자가 달라붙어 있다(하나의 산소원자와 두 개의 수소원자가 결합되면 물의 최소단위, 즉 물분자가 된다). 이 그림은 매우 정적이지만, 실제의 원자들은 잠시도 가만있지 못하여 이리저리 흔들리고 튀고, 돌아가면서 어지러운 운동을 계속하고 있다. 그러므로 여러분은 이 그림을 보면서 원자들이 역동적으로 움직이는 모습을 상상해야 한다. 그림으로 표현할 수 없는 또 한 가지는 입자들 간의 상호작용이다. 이들은 서로 밀고 당기는 힘을 주고받으면서 전체적으로는 '단단하게 뭉쳐져' 있다. 반면에 입자들은 서로 밀착되지 않는 성질이 있다. 만일 두 개의 입자를 아주 가깝게 접근시키면 이들은 서로를 밀어내게 될 것이다.

원자의 반경은 $1\sim2\times10^{-8}$cm정도이다. 10^{-8}cm는 옹스트롬(angstrom:

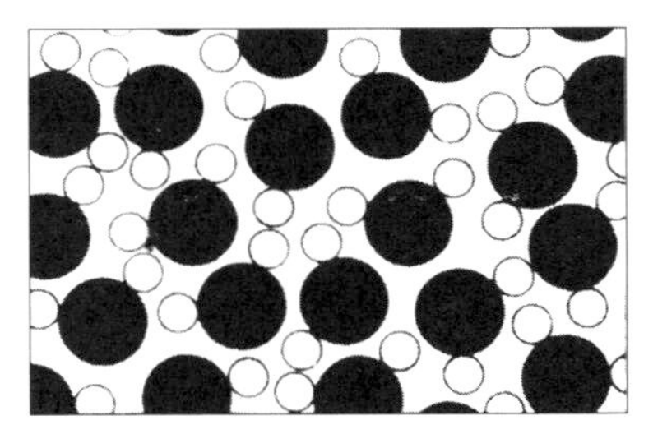

그림 1-1. 10억 배로 확대한 물방울의 모습

그냥 사람 이름에서 따온 말이니 신경 쓸 것 없다)이라는 단위로 표현되니까, 원자의 반경은 1~2옹스트롬(Å)이라고 말할 수 있다. 원자의 크기를 상상하는 또 다른 방법이 있다. 사과를 지구만한 크기로 확대시켰을 때, 사과 속의 원자는 원래 사과의 크기 정도가 된다.

자, 이렇게 서로 달라붙어서 이리저리 움직이는 입자들의 집합체, 즉 원래의 물방울로 다시 돌아가 보자. 물은 부피가 변하지 않는다. 그리고 물분자들 간의 상호 인력 때문에 여러 조각으로 쪼개지지도 않는다. 만일 물방울을 경사면에 떨어뜨린다면 그것은 아래쪽으로 흐르긴 하겠지만 도중에 분해되거나 어디론가 사라지는 일은 결코 일어나지 않는다. 물분자들이 서로를 잡아당기면서 단단한 결속력을 발휘하고 있기 때문이다. 입자들이 '떠는' 현상은 열(heat)의 개념으로 설명될 수 있다. 온도를 높인다는 것은 곧 운동을 증가시킨다는 뜻이다. 물을 끓이면 이 떨림 현상이 증폭되어 원자들 간의 거리가 멀어지고, 여기서 계속 열을 가하면 분자들 사이의 인력만으로는 더 이상 결속 상태를 유지할 수 없는 시점이 찾아온다.

이때가 되면 분자들은 드디어 속박 상태에서 풀려나 자유를 얻게 된다. 물이 증기로 변하는 원리가 바로 이것이다. 온도가 올라가면 입자들의 운동이 격렬해지기 때문에 서로를 묶어두고 있던 입자들이 자유롭게 풀려나는 것이다.

그림 1-2에는 증기상태가 표현되어 있다. 그런데, 이 그림은 한 가지 면에서 볼 때 완전한 실패작이다. 정상적인 대기압이 작용하고 있을 때 보통 크기의 방 안에는 불과 몇 개의 물(증기) 분자들만이 존재

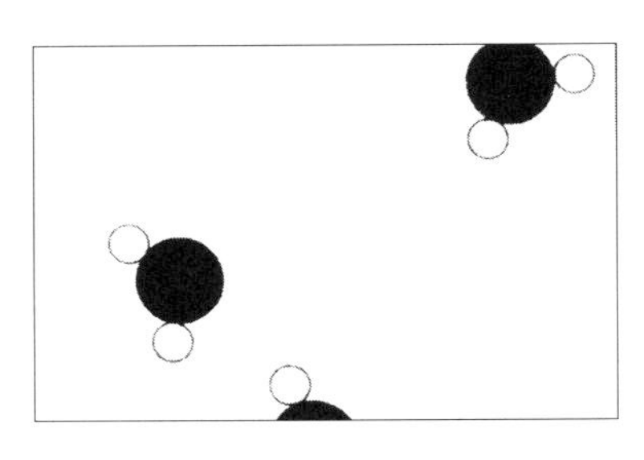

그림 1-2. 증기

할 수 있기 때문에, 그림에 그려진 분자들은 사실 개수가 너무 많다. 이 정도 크기의 공간(그림 1-2의 사각형, 물분자의 크기를 고려할 것: 옮긴이) 속에 존재할 수 있는 증기분자의 수는 거의 0이다.

그러나 아무 것도 없이 텅 빈 사각형을 그려놓고 '이것이 증기의 분자다' 라고 말하자니 왠지 어색한 기분이 들어 하는 수 없이 2~3개 정도를 그려 넣은 것이다. 물보다는 증기상태일 때 분자의 특성이 더욱 확실하게 보인다. 두 개의 수소원자는 105°3′ 의 각도를 이루고 있으며, 수소원자의 중심에서 산소원자 중심까지의 거리는 0.957 Å 이다. 이 정도면 물분자에 관하여 꽤 많이 알게 된 셈이다.

여기서 잠시 수증기를 비롯한 여러 기체들에 대하여 몇 가지 공통된 성질을 알아보자. 결속상태에서 분리된 분자는 계속해서 벽(기체를 담고 있는 그릇)에 부딪친다. 밀폐된 방 안에 수백 개의 테니스공들이 어지럽게 날아다니는 상황을 생각해보면 도움이 될 것이다(물론 이 공들은 영원히 운동을 멈추지 않는다고 가정한다). 공이 벽에 부딪칠 때, 벽은 바깥쪽으로 밀려나는 힘을 받게 된다. 공의 수가 매우 많은 경우에는 벽에 부딪치는 횟수도 그만큼 많아져서 벽은 비슷한 크기의 힘을 '거의' 연속적으로 받게 되는데, 인간의 감각은 한 번의 충돌과 그 다음 충돌 사이의 시간 간격을 감지해낼 만큼 예민하지 못하기 때문에 우리의 눈에는 마치 벽이 연속적으로 밀리는 것처럼 보인다. 즉, 우리는 벽에 가해지는 '평균 압력'만을 느낄 수 있는 것이다(우리의 감각기관도 10억 배 가량 기능이 향상된다면 그 시간차를 느낄 수 있을 것이다). 따라서 기체를 용기 안에 가두어 두려면 외부로부터 일정한 압력을 가해주어야 한다. 그림 1-3에는 피스톤이 달려 있는 원통형 용기에 기체가 담겨 있는 상황이 그려져 있다(모든 물리학 교과서에 빠지지 않고 등장하는 그림이다). 이제, 물분자의 구체적인 모양은 별로 중요하지 않으므로 간단하게 점으로 표시하자. 이 분자들은 모든 방향으로 영구히 운동을 계속하고 있다.

이들 중 상당수는 위쪽에 있는 피스톤에 계속해서 부딪치는데, 피스톤의 입장에서 서술한다면 피스톤은 분자들과의 충돌로 인해 일정한 크기의 힘을 위쪽 방향으로 받게 된다. 우리는 이 힘을 '압력'이라고

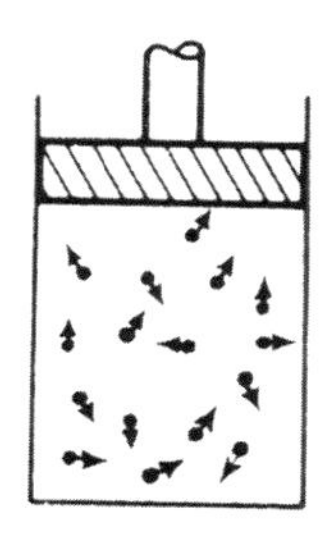

그림 1-3.

부른다(압력에 면적을 곱하면 '힘' 이 된다). 피스톤에 가해지는 힘은 피스톤의 면적에 비례한다. 왜냐하면 단위 부피당 분자의 개수를 그대로 유지한 채 용기와 피스톤의 면적을 증가시키면 피스톤에 부딪치는 분자의 수도 그만큼 늘어날 것이기 때문이다.

이제, 용기 안에 들어 있는 분자의 수를 두 배로 늘려보자. 그러면 분자의 밀도는 아까의 2배가 된다. 그리고 각 분자들의 속도는 이전의 경우와 동일하다고 가정하자(즉, 온도의 변화가 없다는 뜻이다). 이 경우, 벽에 부딪치는 분자의 수 역시 거의 2배가 되며, 온도가 동일하다고 가정했으므로 용기의 내벽에 가해지는 압력은 분자의 밀도에 곧바로 비례하게 된다(여기서 말하는 분자의 밀도란, 분자 자체의 질량을 분자의 부피로 나눈 값이 아니라, 용기 내의 단위 부피 당 존재하는 분자의 개수를 뜻한다: 옮긴이).

여기서 원자들 사이에 작용하는 인력의 효과를 고려한다면 압력의 크기는 예상치보다 약간 줄어들 것이며, 실제의 원자는 점이 아니라 유한한 크기를 갖고 있음을 고려한다면 압력은 약간 커질 것이다. 그러나 기체의 경우에는 분자의 평균 밀도가 매우 작기 때문에 '압력은 밀도에 비례한다' 고 말해도 사실에서 크게 벗어나지 않는다.

이밖에 다른 사실들도 알 수 있다. 기체의 밀도를 그대로 유지한 채로 온도를 높이면(분자의 운동 속도를 증가시키면) 압력에 어떤 변화가 올까? 기체 분자는 온도를 높이기 전보다 더욱 세게 부딪칠 것이고, 또 부딪치는 횟수도 늘어나기 때문에 압력은 증가한다. 이것이 바로 원자 이론이다. 이 얼마나 간결하고 명쾌한 이론인가!

또 다른 상황을 고려해보자. 만일 피스톤을 아래쪽으로 내리 눌러서 용기 안의 기체를 압축시킨다면, 움직이는 피스톤을 때리는 원자들에게는 무슨 변화가 일어날 것인가? 우선, 피스톤에 부딪히는 속도가 상대적으로 커질 것이다. 앞으로 다가오는 벽을 향해 탁구공을 던져보면 이 효과를 쉽게 확인할 수 있다. 이 경우, 탁구공이 튕겨 나올 때의 속도는 벽에 부딪히기 전의 속도보다 빠르다(극단적인 사례로, 정지해 있는 원자에 피스톤이 와서 부딪힌 경우에도 원자는 분명히 되튈 것이다). 따라서 일단 피스톤에 충돌한 원자는 충돌 전보다 더욱 '높은' 온도를 갖게 된다. 이것은 용기 내의 모든 원자에 적용되는 사실이므로 우리는 다음과 같은 결론을 내릴 수 있다—"기체를 서서히 압축시키면, 기체의 온도는 상승한다." 이와 반대로, 기체의 부피를 서서히 증가시키면 온도는 내려간다.

이제 다시 원래의 물방울로 돌아가서 다른 방향으로 접근해보자. 물방울의 온도를 감소시키면 물분자의 떨림 현상이 줄어든다. 원자들 사이에는 인력이 작용하기 때문에 온도가 어느 정도까지 내려가면 원자들은 더 이상 마음대로 떨릴 수가 없게 된다. 그림 1-4에는 매우 낮은 온도에서의 분자 배열 상태가 그려져 있다.

물분자들이 새로운 배열을 찾아 그림과 같이 정돈되었을 때, 우리는 그 상태를 '얼음'이라고 부른다. 그런데 그림 1-4는 2차원 배열상태만 고려한 것이므로 이 역시 올바른 그림은 아니다. 이것은 단지 얼음의 원자 배열상태를 개략적으로 표현한 것이다. 여기서 한 가지 흥미로운 것은, 모든 원자들이 정해진 위치를 고수하고 있다는 사실이다.

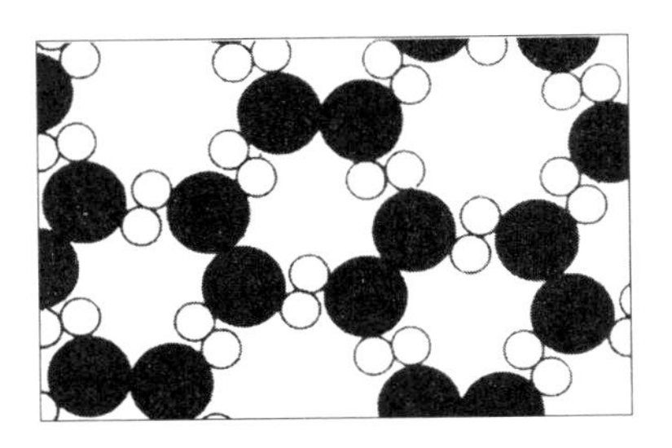

그림 1-4. 얼음

그래서 얼음의 한쪽 끝을 손으로 잡고 특정 방향으로 힘을 가하면, 그 힘은 수 마일이나 떨어진(현미경으로 확대시킨 규모에서 볼 때) 반대편 원자에까지 전달되어 결국 얼음조각 전체가 움직이게 되는 것이다. 물의 경우에는 원자들이 비교적 크게 진동하면서 자유로운 운동을 하고 있기 때문에 이런 현상이 일어나지 않는다. 고체와 액체의 차이는 바로 여기서 비롯된다. 즉, 고체 내부의 원자들은 결정구조에 따라 규칙적으로 분포되어 있기 때문에, 한 원자의 위치와 배열상태는 이로부터 수백만 개의 원자를 사이에 둔 저쪽 반대편에 있는 원자의 위치에 따라 결정된다고 할 수 있다.

그림 1-4는 편의상 간단하게 그린 원자 배치도로서, 얼음 결정의 특성을 올바르게 담고 있는 면도 많긴 하지만 완전히 믿을 만한 그림은 못 된다. 얼음 결정은 정 6각형의 대칭구조를 갖고 있는데, 그림에는 이 성질이 제대로 표현되어 있다. 이 그림을 120° 돌려서 본다면 원래의 그림과 정확하게 일치할 것이다. 눈의 결정이 6각형의 대칭구조를 갖기 때문이다. 그림 1-4를 주의 깊게 관찰해보면 얼음이 녹을 때 부

피가 줄어드는 이유를 알 수 있다. 보다시피 여섯 개의 분자들이 6각형을 이루고 있고, 그 중심에는 커다란 구멍이 존재한다. 이 구조가 붕괴되면, 가운데 구멍으로 다른 분자들이 흘러 들어와 여백을 메우게 될 것이다. 얼음과 비슷한 결정구조를 가진 일부 금속을 제외하고, 대부분의 물질들은 녹을 때 부피가 늘어난다. 고체일 때 서로 가까이 뭉쳐있던 분자들이 액체상태로 변하면서 더욱 많은 활동 공간을 필요로 하기 때문이다. 그러나 얼음과 같이 빈 공간을 가진 결정구조는 액체로 변할 때 빈 공간이 다른 분자로 채워지기 때문에 부피가 줄어드는 것이다.

얼음은 분명히 고체이지만, 온도는 얼마든지 변할 수 있다. 즉, 얼음도 '열'을 가지고 있는 것이다. 우리는 얼음의 온도를 원하는 대로 조절할 수 있다. 얼음 속의 열은 어떻게 존재하는 것일까? 원자들은 단 한 순간도 조용히 있는 법이 없다. 이들은 이리저리 떨면서 진동하고 있다. 고체에 명확한 결정구조가 있다 해도, 원자들은 지정된 위치에서 지금도 맹렬한 진동을 계속하고 있다. 여기에 온도를 높여주면 원자의 진폭이 점점 커지다가 결국에는 구속상태를 벗어나게 된다. 우리는 이런 현상을 '얼음이 녹는다 — 융해(融解)'라고 한다. 이와는 반대로 온도를 점점 낮추면 진동이 점차 약해지다가 절대온도 0K(섭씨 −273°C)가 되면 최소한의 진동만 남게 된다. 이런 극저온의 상태에서도 원자는 진동을 멈추지 않는다. 원자가 가질 수 있는 최소한의 운동만으로는 물질을 녹일 수 없다. 단, 불활성 기체인 헬륨(He)만은 예외이다. 헬륨도 온도가 감소함에 따라 진동의 크기가 줄어들긴 하지만,

절대온도 0K인 상태에서도 얼지 않을 만한 최소 에너지를 보유하고 있다. 그래서 헬륨은 외부에서 원자들이 서로 짓눌릴 정도로 엄청난 압력을 가해주지 않는 한, 절대온도 0K에서도 얼지 않는다. 압력을 가해준다면 고체가 된 헬륨을 얻을 수 있다.

원자적 과정들

지금까지 우리는 원자론 하나만으로 고체, 액체, 그리고 기체의 성질에 관하여 꽤 많은 것을 알아냈다. 그러나 원자론을 적절히 응용하면 중간 과정들도 알아낼 수 있다. 지금부터 몇 가지의 과정들을 원자적 관점에서 바라보기로 한다. 제일 먼저, 물의 표면에서 일어나는 과정들을 살펴보자. 수면에서는 과연 어떤 일들이 진행되고 있는가? 공기와 맞닿아 있는 수면의 상태를 좀더 복잡하고 사실에 가깝게 그려보면 그림 1-5와 같다. 아까와 마찬가지로 물분자들은 액체상태의 물을 형성하고 있다. 그러나 이 그림은 물과 공기가 접해 있는 수면을 포

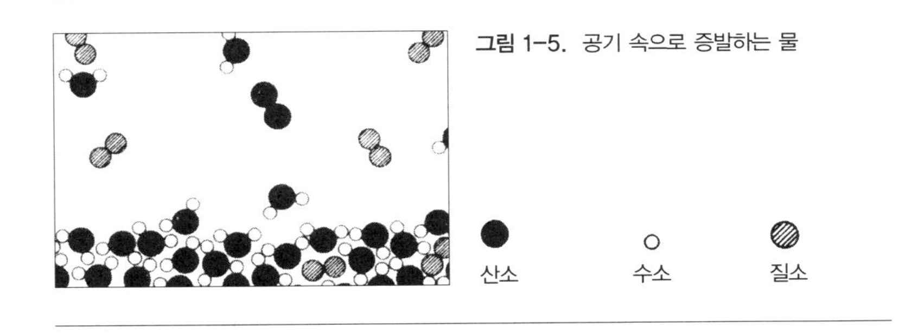

그림 1-5. 공기 속으로 증발하는 물

함하고 있다. 수면의 윗부분에는 여러 종류의 입자들이 공존하고 있다. 우선 첫 번째로 수면 위에도 물분자가 존재한다. 이것은 끓는 물 위에 증기가 피어오르는 것과 비슷한 현상이다. 수면 위의 물분자들은 수증기의 형태로 존재하며, 이는 물의 온도와 상관없이 항상 일어나는 현상이다(이것이 바로 수증기와 물의 평형상태인데, 자세한 설명은 나중에 할 예정이다). 수면 위에는 물분자 외에 다른 종류의 분자들도 있다. 두 개의 산소원자가 결합한 산소분자와 두 개의 질소원자가 결합한 질소분자가 그것이다. 공기의 거의 대부분은 질소와 산소, 그리고 약간의 수증기로 되어 있으며, 이밖에 이산화탄소와 아르곤 등의 기체들이 아주 조금 섞여 있다. 따라서 수면 윗부분은 약간의 수증기를 포함한 기체로 가득 차 있는 셈이다. 자, 이런 상황에서는 과연 어떤 일이 일어날 것인가? 물 속의 분자들은 끊임없이 진동하고 있다. 그러다가 때로는 수면 근처의 분자 하나가 다른 분자에게 평소보다 세게 얻어맞아 수면 위로 튕겨져 나올 수도 있다. 그림 1-5만 봐서는 도저히 이런 일이 일어날 것 같지 않다. 이 그림에는 분자들의 움직임이 표현되어 있지 않기 때문이다. 그러나 우리는 상상력을 동원하여 하나의 분자가 다른 분자에게 얻어맞은 후 공기 중으로 방출되는 광경을 머릿속에 그려볼 수 있다. 다시 말해서 수면 근처의 분자들은 하나씩 둘씩 공기 속으로 이주해 가고 있는 중이다. 이 상황을 두 글자로 줄이면? 바로 '증발' 이다! 그러나 수면 윗부분을 마개로 막고 잠시 기다리면, 수면 위 공기 중에는 많은 양의 물분자들이 떠다니게 된다. 공기 중에 물분자가 많이 떠다니다 보면, 그중 일부는 수면에 부딪쳐 물로 되돌아가기도 할 것이다. 만일 유리잔에 물을 담고 덮개를 씌운 채로 방치해둔다면, 수십 년의 세월이 흘러도 외견상으로는 아무 것도 달라지지 않을 것이다. 그러나 실제로는 덮개 근처에서 매우 역동적이고 흥미로운 현상들이 잠시도 쉬지 않고 반복되고 있다. 우리의 시신경이 너무 둔해서 그 복잡한 상황을 감지하지 못하는 것뿐이다. 만일 모든 상황을 10억 배 가량 확대해서 볼 수 있다면 매 순간마다 수면과 공기 사이를 오가는 물분자들의 모습을 적나라하게 볼 수 있을 것이다.

우리 눈에는 왜 변하는 과정이 보이지 않는 걸까? 수면에서 대기 중으로 빠져나가는 분자 수만큼 물분자들이 다시 수면으로 되돌아오고 있기 때문이다! 그래서 결국에는 아무런 변화도 감지되지 않는다. 만일 유리컵의 덮개를 제거하고 컵 주변의 습한 공기를 저만치 불어낸 후에 컵 주변을 건조한 공기로 대치시킨다면, 수면에서 이탈되는 분자 수는 이전과 동일하겠지만(증발되는 양은 물 속에 있는 분자들의 진동 상태에 따라 좌우된다) 대기 중에서 다시 물 속으로 흡수되는 분자 수는 급격하게 줄어들 것이다. 왜냐하면 건조한 공기 속에는 물분자가 거의 없기 때문이다. 따라서 이 경우에는 공기 중으로 나가는 분자 수가 물 속으로 들어오는 분자 수보다 훨씬 많다. 간단히 말해서, 물은 증발되기 시작한다. 그러니 물을 빨리 증발시키고 싶다면 선풍기를 켜놓도록 하라!

또 한 가지 질문을 던져보자. 그 많은 분자들 중에서 과연 어떤 놈들이 대기 중으로 증발되는 것일까? 분자가 수면을 이탈하는 이유는 주변 분자들의 인력을 극복할 수 있을 정도의 여분의 에너지를 우연히 획득했기 때문이다. 따라서 증발하는 분자들은 평균치보다 많은 에너지를 갖고 있으며 물 속에 남아 있는 분자들의 평균적인 운동상태는 이전보다 활발하지 못하다(분자가 수면을 이탈할 때는 반드시 에너지가 필요하다. 그런데 이 여분의 에너지는 인근에 있는 다른 분자들로부터 '빼앗은' 것이므로 물 속에 남은 분자들 중 누군가는 에너지를 빼앗긴 상태이다. 따라서 전체적으로 볼 때 남은 분자의 에너지는 줄어들게 된다: 옮긴이). 그 결과, 증발하고 있는 액체는 서서히 온도가 내려간다. 물론, 수증기 속의 물분자가 물 속으로 침투할 때에도 수면 근처에서는 강한 인력이 작용하여 물분자의 속도가 급격히 증가하며, 그 결과로 물의 온도는 상승하게 된다. 증발되는 양과 흡수되는 양이 같은 경우에는 온도 변화가 일어나지 않을 것이다. 만일 수면 위로 계속해서 바람을 불어준다면 증발량이 흡수량보다 항상 많게 되어 물의 온도는 내려갈 것이다. 이제부터 수프를 식혀 먹으려면 입으로 열심히 불도록!

물론 실제로 일어나는 과정은 지금까지 설명했던 것보다 훨씬 더 복잡하다. 물분자들이 수면을 경계로 오락가락하는 것 이외에, 가끔씩은 공기 중의 산소분자나 질소분자가 물 속으로 침투해 들어와 수많은 물분자들 틈에서 제 방식대로 움직여가기도 한다. 다시 말해서, 공기가 물 속에 녹아들어 가는 것이다. 산소와 질소 분자들은 물 속에서 제 갈 길을 가고 있고, 물은 이들을 기꺼이 받아들인다.

유리컵 주변의 공기를 갑자기 제거하여 압력을 낮추면 물 속에 녹아 있던 공기분자들은 급하게 수면 위로 탈출하여 원래의 고향(공기)으로 되돌아가고 싶어 하는데, 이 현상은 수면 위에 거품의 형태로 나타난다. 여러분도 알다시피, 이것은 스쿠버 다이빙을 하는 사람들에게는 매우 좋지 않은 상황이다(물 속 깊은 곳—수압이 높은 상태에 있다가 갑자기 위쪽으로 떠오르면, 수압이 갑자기 내려가면서 혈관 속에 녹아 있던 공기가 공기방울이 되어 혈액 밖으로 빠져나오게 된다. 이는 사람에게 치명적인데, 이를 피하려면 수면 깊숙이 잠수했을 때 아주 서서히 떠올라야 한다: 옮긴이).

이제, 또 하나의 과정을 살펴보자. 그림 1-6은 원자적 규모에서 고체가 물 속에 녹아 있는 상태를 표현한 것이다. 물 속에 소금을 넣으면 어떤 일이 일어나는가? 소금은 원자들이 결정구조를 따라 규칙적으로 배열되어 있는 고체이다. 소금은 화학용어로 염화나트륨(NaCl)이라고 부르며, 3차원적 결정구조는 그림 1-7과 같다.

엄밀히 말해서 소금 결정을 이루는 요소들은 원자가 아니라 이온(ion)이다. 이온이란 몇 개의 전자가 초과되거나 혹은 결여된 상태의

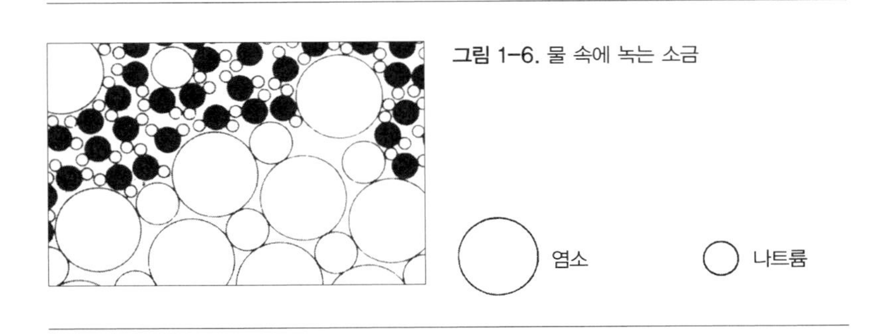

그림 1-6. 물 속에 녹는 소금

Crystal	●	○	a(Å)
Rocksalt	Na	Cl	5.64
Sylvine	K	Cl	6.28
	Ag	Cl	5.54
	Mg	O	4.20
Galena	Pb	S	5.97
	Pb	Se	6.14
	Pb	Te	6.34

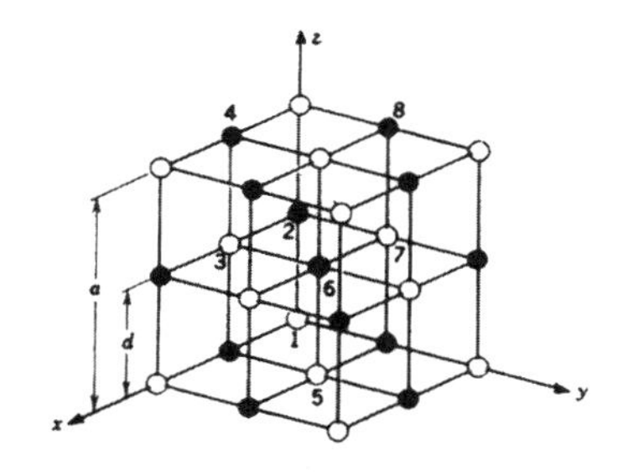

그림 1-7. 가장 가까운 인접원자들 사이의 거리 $d=a/2$

원자를 말한다. 소금의 결정은 전자 한 개가 초과상태인 염소이온과 전자 하나를 잃어버린 나트륨이온으로 구성되어 있다. 고체상태의 소금에는 이 두 가지 이온들이 전기력에 의해 단단히 결합되어 있지만, 물 속에 집어넣으면 물에서 전리된 산소의 음이온과 수소의 양이온들이 나트륨과 염소이온을 각각 끌어당기기 때문에 소금의 결정구조는 붕괴되기 시작한다. 그림 1-6에는 염소이온 하나가 결정으로부터 분리되는 장면이 그려져 있다. 그리고 다른 원자들은 이온의 형태로 물 속을 표류하게 된다. 그런데 이 그림을 볼 때는 몇 가지 주의해야 할 점이 있다. 예를 들어, 물분자 속의 수소이온은 염소이온 쪽으로, 그리고 산소이온은 나트륨이온 쪽으로 끌리는 경향이 있다. 왜냐하면 이들은 서로 반대의 극성을 가진 이온들이어서, 전기적 인력이 작용하기 때문이다. 그렇다면 여기서 우리는 과연 소금이 물 속에 녹는 것인지, 아니면 물 속에서 결정화될 것인지를 알아낼 수 있을까? 물론 알 수 없다. 일부 원자들은 결정구조를 이탈하는 반면에, 다른 원자들은 다시 결정구조 속으로 되돌아오기 때문이다. 이것은 수면 근처에서 일어나는 증발과 비슷한 현상으로, 물과 소금의 상대적인 양에 따라 좌우된다. 평형상태에서는 결정을 이탈하는 이온의 수와 결정으로 되돌아오는 이온의 수가 같다. 만일 소금에 비해 물의 양이 압도적으로 많다면 결정을 이탈하는 이온의 수가 되돌아오는 수보다 많아질 것이므로, 소금은 물에 녹게 된다. 반대로 소금이 물보다 많은 경우라면 모든 상황이 반대가 되어 소금은 결정화된다.

이왕 말이 나온 김에, '분자'의 개념에 대하여 한마디만 짚고 넘어가자. 물질이 분자로 구성되어 있다는 말은 사실 대략적인 서술에 불과하다. 어떤 특정 부류의 물질들만이 분자로 이루어져 있다. 물의 경우에는 3개의 원자들(수소원자 2개와 산소원자 1개)이 결합하여 하나의 분자를 이루고 있으므로 별로 문제될 것이 없다. 그러나 고체상태의 소금은 사정이 다르다. 소금의 결정에는 염소이온과 나트륨이온이 6면체 형태로 배열되어 있는데, 이 패턴이 모든 방향으로 계속되기 때문에 '소금의 분자'에 해당되는 최소단위를 정의할 방법이 없다.

다시 소금물 문제로 돌아가자. 소금이 녹아 있는 물의 온도를 높여주면 결정구조를 이탈하는 이온의 수와 되돌아오는 이온의 수가 모두 증가한다. 그러나 소금의 녹는 양이 증가할 것인지, 아니면 감소할 것인지를 예측하기는 매우 어렵다. 일반적으로 온도가 올라가면 소금의 녹는 양('용해도'라고 한다: 옮긴이)도 조금씩 증가하지만, 경우에 따라서는 감소할 수도 있다.

화학반응

지금까지 언급된 모든 과정들에서는 원자나 이온들이 자신의 파트너를 바꾸지 않았었다. 그러나 원자가 파트너를 바꾸고 새로운 분자로 다시 태어나는 과정들도 얼마든지 있다. 그림 1-8에는 이러한 과정들 중 한 가지 예가 도식적으로 표현되어 있다. 원자가 파트너를 바꾸어 결합상태에 변화가 초래되는 이러한 반응들을 통칭 '화학반응'이라고 한다.

이전에 다루었던 과정들은 보통 '물리적 과정' 이라고 하는데, 사실 이들 둘 사이에는 명백한 구분이 없다(우리가 무슨 이름을 붙여서 부르건, 자연은 그런 것에 관심이 없다. 그저 정해진 길로 나아갈 뿐이다). 이 그림은 탄소가 산소 속에서 타는(산화되는) 과정을 표현한 것이다. 산소의 분자는 두 개의 산소원자들이 매우 강하게 결합된 형태이다(3개, 또는 4개가 결합되면 왜 안 되는가? 이것이 바로 원자적 과정들의 매우 두드러진 특성이다. 원자는 정말로 유별난 존재이다. 이

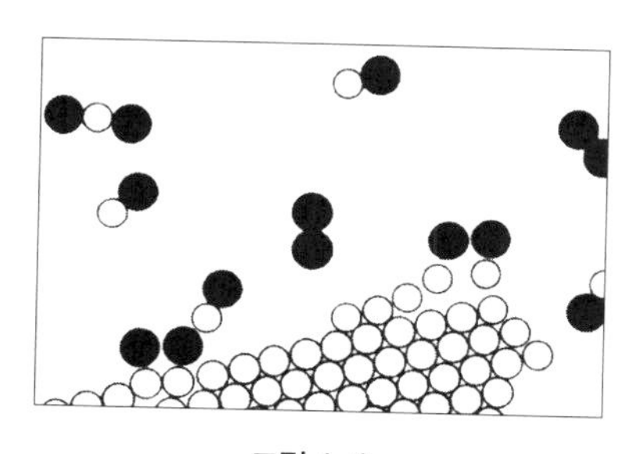

그림 1-8.

들은 특정한 파트너와 특정 방향만을 좋아하는 등, 그 입맛이 엄청나게 까다롭다. 그리고 이들의 유별난 성향을 연구하는 것이 바로 물리학이다. 어쨌거나, 두 개의 산소원자가 만나면 모든 조건들이 행복하게 충족되어 안정된 분자를 이룬다).

탄소원자는 결정구조 속에 들어 있다(흔히 흑연, 또는 다이아몬드라고 부른다). 이제, 산소분자 하나가 탄소원자에 접근하면 개개의 산소원자들은 자신의 파트너와 작별을 고하고 탄소원자 하나와 새롭게 결합하여 멀리 달아나버린다. 이렇게 탄생한 탄소-산소 원자쌍은 바로 일산화탄소(carbon-monoxide)기체의 분자이며, 화학식으로는 CO로 표기한다. 이름을 붙이는 방법은 아주 간단하다. 구성 원자의 머리글자를 갖다 붙인 것이다. 이렇게 하면 화학식만 보고도 구성성분을 알 수 있다(첫 글자가 같은 원자들은 후속 알파벳을 소문자로 붙여 구별한다. 코발트(Co)와 카드뮴(Cd) 등이 그 예이다: 옮긴이). 그런데 산소원자끼리, 혹은 탄소원자끼리 당기는 힘보다는 탄소원자와 산소원자 사이의 인력이 훨씬 강하다. 그래서 산소원자가 탄소원자 근처로 접근할 때에는 에너지를 조금밖에 갖고 있지 않지만, 산소와 탄소가 결합할 때에는 한바탕 난리가 일어나서 주변의 다른 원자들에게도 그 여파가 전달된다. 즉, 운동에너지가 생성되는 것이다. 이 과정을 간단하게 표현하면 바로 '연소'가 된다. 탄소와 산소가 결합할 때 주변에는 항상 열이 발생된다. 보통의 경우, 열은 뜨거운 기체분자의 운동으로부터 생성되는데, 어떤 특별한 환경에서는 열이 너무 많이 발생하여 빛이 나는 경우도 있다. 불꽃반응이 일어나는 이유가 바로 이것이다.

탄소와 산소가 결합할 때 발생하는 기체는 일산화탄소뿐만이 아니다. 일산화탄소에 산소원자가 하나 더 붙을 수도 있다. 이 경우, 산소와 탄소가 결합하는 반응구조는 훨씬 더 복잡하다. 그리고 새로 생성된 분자는 일산화탄소 분자와 충돌할 수도 있다. 하나의 산소원자가 CO에 들러붙으면 이산화탄소(CO_2 : carbon-dioxide)가 된다. 아주 짧은 시간 안에 탄소를 태우면(자동차 엔진이 이런 경우에 속한다. 연소되는 시간이 매우 짧기 때문에 이 과정에서는 이산화탄소가 생성되지 않는다) 일산화탄소가 아주 많이 생성되는데, 이 과정에서 에너지가 발생하여 폭발이나 불꽃반응 등의 현상이 일어나는 것이다. 화학자들은 이런 종류의 '원자 재배열' 현상을 꾸준히 연구한 결과, 모든 물질은 각기 고유한 형태의 원자배열을 갖고 있다는 사실을 알아냈다.

이 개념을 이해하기 위해 또 하나의 예를 들어보자. 제비꽃이 만발한 들판에 들어서면 우리는 그 냄새를 맡을 수 있다. 냄새의 정체는 꽃으로부터 바람을 타고 날아온 분자, 또는 원자의 배열이다. 그렇다면 이들은 어떻게 대기 중을 날아다니는 것일까? 이것은 비교적 쉬운 질문이다. 냄새를 품고 있는 분자들은 공기 중에서 이리저리 흔들리기도 하고 또 사방팔방으로 다른 분자들과 부딪히면서 표류하다가 우연히 우리의 코 안으로 들어온 것이다. 물론 이들이 꼭 우리 코 안으로 들어온다는 보장은 없다. 공기 중을 떠다니는 냄새분자는 스스로 갈 길을 정할 수 없다. 이들은 다른 분자들로 북적거리는 대기 속에서 이리저

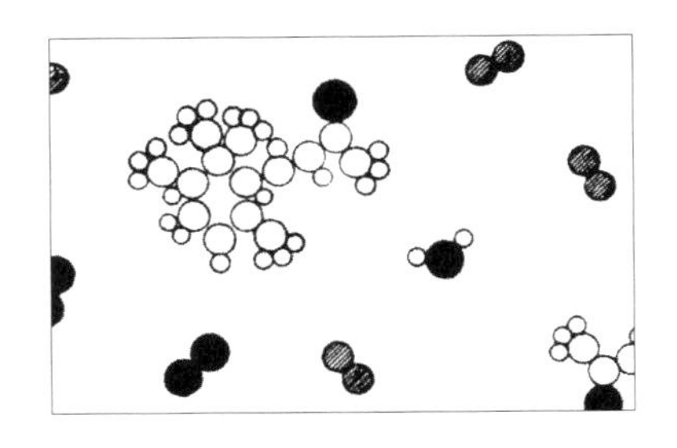

그림 1-9. 제비꽃의 냄새

리 채이고 받치다가 사람의 콧김에 우연히 빨려 들어간 것뿐이다.

화학자들은 제비꽃의 향기를 채취하여 성분을 분석한다. 그리고는 원자들이 좁은 공간 속에서 정확하게 배열되어 있다는 사실을 우리에게 말해준다. 현재 우리는 이산화탄소 분자가 O-C-O와 같이 선형 대칭적인 원자배열로 되어 있음을 알고 있다(이것은 물리학적인 방법으로도 어렵지 않게 알아낼 수 있다). 뿐만 아니라, 이와는 비교가 되지 않을 정도로 복잡한 원자배열까지도 알아낼 수 있다. 물론 여기에는 엄청난 노력과 시간이 투자되어야 한다. 그림 1-9는 제비꽃 근처의 대기 상태를 1억 배 확대시킨 그림이다. 대기 중에는 앞서 말한 대로 질소와 산소, 그리고 수증기가 섞여 있다(근처에 호수도 없는데 수증기가 왜 있을까? 제비꽃이 젖어 있기 때문이다. 모든 식물은 광합성의 부산물로 수분을 발산한다). 그런데 그림에는 탄소, 수소 그리고 산소원자로 이루어진 괴물 같은 분자도 그려져 있다. 이 괴물은 현재 구성성분을 불러들여 특정한 배열을 만들어 나가는 중인데, 이산화탄소와는 비교도 안 될 정도로 복잡한 배열임이 분명하다. 안타깝게도 우리는 이 괴물 같은 분자의 원자 배열상태를 그림으로 표현할 수가 없다. 물론, 화학적 배열상태는 모두 알려져 있지만 3차원 공간에서 이루어진 배열이기 때문에 2차원 평면의 종이 위에는 그릴 방법이 없는 것이다.

이 분자 속에는 여섯 개의 탄소원자들이 원형고리를 이루고 있다. 그런데 이 고리는 2차원 평면이 아닌 3차원적 구조, 즉 '일그러진' 형태를 취하고 있다. 원자들 사이의 거리와 각도는 모두 알려져 있다. 따라서 분자를 표현하는 화학식은 대략적인 조감도의 구실밖에 하지 못한다. 화학자가 칠판에 이런 화학식을 쓸 때, 그는 3차원의 공간적 구조를 2차원 평면에 그리려고 애를 쓰고 있는 것이다. 예를 들자면, 여섯 개의 탄소원자가 '원형고리'를 이루고, 고리의 귀퉁이에는 몇 개의 탄소원자가 '사슬'처럼 매달려 있으며, 이쪽의 탄소원자에는 산소원자 하나가 결합되고, 저쪽 탄소원자에는 수소원자 세 개가 결합되어 있으며, 또 이쪽에는 두 개의 탄소원자와 세 개의 수소원자가 들러붙어서… 이런 식이다.

화학자들은 분자의 세부구조를 어떻게 알아내는 것일까? 그들은 병 속에 여러 가지 시료와 시약들을 섞어 넣고 변화를 관찰한다. 만일 병 속의 물질이 붉은 색으로 변하면 거기에는 산소원자 두 개와 탄소원자 하나가 결합된 분자들이 있다는 뜻이며, 파란색으로 변하면 그렇지 않다는 뜻이다. 이것은 지금까지 실행된 그 어떤 방법보다도 환상적이고 탐색적인 분석법으로서, 흔히 유기화학이라고 부른다. 엄청나게 복잡한 분자의 구조를 알아내기 위해, 화학자는 두 종류의 재료를 섞었을 때 일어나는 반응을 주로 관찰한다. 그러나 화학자가 원자의 배열상태(분자의 세부구조)를 설명하고 있을 때, 그 말을 듣고 있는 물리학자는 화학자가 그 모든 것을 이해했다고 생각하지 않을 것이다. 복잡한 분자(방금 예를 든 분자처럼 끔찍하게 복잡한 괴물들 말고, 그 분자 구조의 일부를 포함하는 다른 분자들)를 볼 수 있는 물리적 방법이 지금으로부터 20년 전에 개발되었다. 이 방법을 이용하면 개개의 원자들이 점유하고 있는 위치를 알아낼 수 있는데, 눈으로 직접 보면서 색상으로 확인하는 것이 아니라 그들의 위치를 간접적으로 측정하는 것이다. 그런데, 세상에 이런 일이… 화학자들의 주장이 항상 거의 옳았음이 입증된 것이다!

제비꽃의 향기를 내는 분자들은 수소원자의 배열이 조금씩 다른 세 가지의 유형이 있는 것으로 밝혀졌다.

화학이 안고 있는 어려움 중 하나는 모든 물질에 적절한 이름을 붙이는 일이다. 이름만 봐도 어떤 물질인지 누구나 알 수 있는, 그런 이름이어야 한다. 다시 말해서, 화학식만 보고도 물질의 구성상태를 알 수 있어야 한다는 뜻이다. 그러므로 이름 속에는 원자의 배열상태뿐만 아니라, 각 원자의 이름까지도 함축되어 있어야 한다. 한마디로 말해서 '어떤' 원자가 '어디에' 있는지를 이름만 보고 알 수 있어야 하는 것이다. 그래서 각 물질들의 화학적 이름은 길어질 수밖에 없다. 그림 1-10에 적혀 있는 화합물의 이름을 좀더 완전한 형태로 쓴다면, 4-(2, 2, 3, 6-테트라메틸-5-사이클로헥사닐)-3-부텐-2-온이

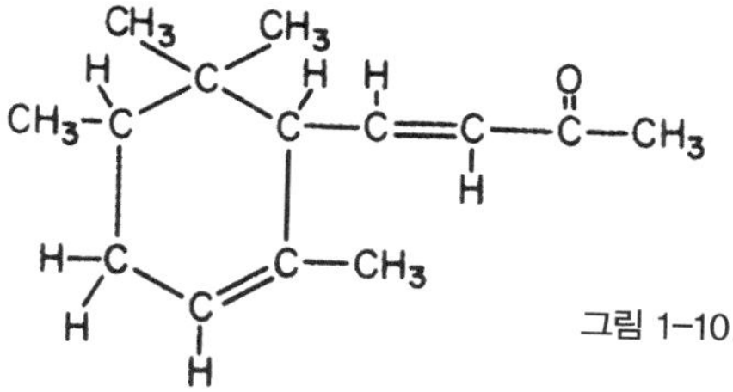

그림 1-10. 알파-아이론(α-irone)의 분자 구조를 보여주는 그림

된다. 이렇게 써야 전체적 구조와 배열상태를 짐작할 수 있다. 사정이 이러니 우리는 화학자들의 고충을 이해하고, 다소 이름이 길더라도 참고 수용해야 할 것이다. 그들은 화학을 어렵게 만들려는 것이 아니라, 분자를 말로 표현하는 지극히 어려운 작업을 수행하고 있는 것이다!

원자가 실제로 존재한다는 것을 어떻게 알 수 있을까? 앞에서 언급했던 트릭을 사용하면 된다. 즉 원자가 존재한다는 가설을 세운 뒤에 그것을 기초로 하여 여러 가지 이론적인 예견들을 내놓는다. 그리고 실제 실험을 통하여 얻을 결과와 가설에 근거한 예상들을 비교하면 진위여부를 가릴 수 있다. 또, 이보다 좀더 직접적인 방법도 있다. 한 가지 예를 들어보자. 원자는 너무도 작기 때문에 광학현미경으로는 볼 수 없다. 전자현미경을 동원한다 해도 사정은 마찬가지다(광학현미경으로는 원자적 규모에서 볼 때 '초대형' 물체만을 볼 수 있다). 만일 원자들이 물 속에서 끝없이 움직이고 있다면, 원자보다 훨씬 큰 공을 물 속에 집어넣었을 때 공은 원자들에 부딪혀 이리저리 흔들릴 것이다. 이것은 축구장에서 선수들의 발길질에 공이 이리저리 날아다니는 것과 비슷한 상황이다. 단지 선수들이 무척 많고 공이 엄청나게 크다는 점이 다를 뿐이다. 사방에서 선수들이 달려들어 공을 차면(또는 밀면) 공은 매우 불규칙한 방향으로 굴러다니게 될 것이다. 이와 마찬가지로, 물 속에 넣은 '커다란 공' 은 매 순간마다 수많은 원자들로부터 각기 다른 크기의 충격을 받아 이리저리 움직일 것이다. 물 속에 떠 있는 아주 작은 입자(사람의 눈으로 볼 때)를 현미경으로 관찰해보면, 그것은 수시로 일어나는 원자들과의 충돌로 인해 계속해서 이리저리 비틀거리는 것처럼 보인다. 이것이 바로 '브라운 운동' 이다.

결정구조에서도 원자의 존재를 확인할 수 있다. 대부분의 경우, X-선 촬영 분석으로부터 추정된 결정구조는 결정 자체의 외형과 일치한다. 결정면들 사이의 각도가 앞서 추론된 원자구조, 즉 원자층들 사이의 각도와 거의 일치하는 것이다. 이 오차는 몇 도(°)에서 몇 초(″) 이내이다.

"모든 물질은 원자로 이루어져 있다." 이것은 우리의 핵심 가설이다. 모든 생물학 분야에서 가장 중요한 가설은 '동물이 하는 일은 원자도 한다' 이다. 다시 말해서 "살아 있는 생명체의 모든 행위는 그 생명체들이 '물리법칙을 따르는 원자들' 로 이루어져 있다는 관점만으로 모두 이해될 수 있다"는 뜻이다.

원자들로 이루어져 있는 쇳조각이나 소금 덩어리가 이렇게 흥미로운 성질을 갖고 있다면, 그리고 지구의 대부분을 덮고 있는(그러나 사실은 작은 물방울들의 집합에 불과한) 물이 파도를 일으키거나 거품을 내고, 또 방파제의 시멘트 벽을 때리면서 요란한 소리와 함께 이상한 형태를 취할 수 있다면… 이 모든 것들, 수증기의 모든 일생이 결국

한 무더기의 원자에 의해 결정되는 것으로 판명되었다면 모든 물질들이 원자로 이루어져 있다는 원자론 이외에, 대체 어떤 가능성이 있을 수 있겠는가?

정해진 패턴에 따라 반복되면서 제비꽃의 냄새분자까지 이루어내는 원자들의 일사불란한 배열 대신에, 매 위치마다 다르고 반복되지도 않는, 그리고 온갖 종류의 원자들이 다양하게 나열되어 수시로 변하는, 그런 복잡하기 그지없는 배열로 이루어진 물질(사람을 뜻함: 옮긴이)이 제대로 작동한다는 것은 얼마나 기적 같은 일인가? 여러분 앞을 서성대며 말하고 있는 이 물질(파인만 자신을 가리킴: 옮긴이)이 복잡다단하게 얽혀 있는 원자의 초대형 집합체로서, 그 복잡한 구조로부터 상상력을 발휘하고 있다는 사실을 여러분은 믿을 수 있는가? 우리가 사람을 원자의 집합체라고 말할 때, 그것은 단순히 원자로만 이루어져 있다는 뜻이 아니다. 왜냐하면 하나에서 다른 하나로 반복되지 않는 원자의 집합체는 여러분이 거울 앞에 서서 볼 수 있는 것과 같은 가능성 또한 갖고 있을 것이기 때문이다.

1962년 7월 바르샤바에서 열린 상대성 이론 회의에서
폴 디락과 이야기하고 있는 리처드 파인만(우측)의 모습

제 2 강
기초 물리학

강의를 시작하며

이 장에서는 물리학의 근간을 이루는 몇 가지 기본 개념에 대하여 설명하고자 한다. 하지만 이 개념들이 물리적 진실로 밝혀지게 된 역사적 배경에 관해서는 언급하지 않을 것이다. 그것은 때가 되면 자연스럽게 알게 된다.

과학의 대상이 되는 사물들은 그 형태와 특성이 참으로 다양하다. 예를 들어 여러분이 해변에 서서 바다를 바라볼 때, 여러분의 눈에는 방대한 양의 물과 부서지는 파도, 거품, 출렁이는 물, 소리, 공기, 바람과 구름, 태양, 푸른 하늘, 그리고 빛 등이 한꺼번에 들어올 것이다. 물론 해변이므로 모래사장도 있고 다양한 색상과 굳은 재질로 이루어진 바위들도 있다. 뿐만 아니라 배고프고 병든 여러 종의 동물들과 해조류 그리고 바다를 바라보는 관찰자, 즉 여러분도 그곳에 있다. 여러분의 머릿속에 떠오르는 행복한 생각도 빼놓을 수 없을 것이다. 자연의 다른 구성요소들도 이처럼 다양한 형태로 상호간에 영향력을 행사하고 있다. 어디에 있는 놈들이건 간에 자연을 이루는 요소들은 한결같이 복잡하기 짝이 없다. 이들에 대하여 궁금증을 갖게 되면 우리의 머릿속에는 자연스럽게 질문이 떠오른다 — 몇 종류 되지 않는 기본 입자들과 힘들로부터 어떻게 이토록 다양한 세계가 창조될 수 있다는 말인가?

간단한 예를 하나 들어보자. 모래와 바위는 서로 다른 존재인가? 모래라는 것은 결국 작은 돌알갱이들의 집합이 아니었던가? 달은 하나의 거대한 바윗덩어리인가? 만일 우리가 바위의 성질을 모두 이해한다면, 모래와 달의 성질도 이해하게 될 것인가? 공기 속에서 부는 바람을 바다에서 이는 파도와 비슷한 원리로 이해할 수 있을까? 서로 다른 것으로 보이는 여러 움직임들의 공통점은 무엇인가? 여러 가지 다양한 소리들은 어떤 공통점을 갖고 있는가? 색깔은 대체 몇 종류가 있는 걸까? 등등… 이런 질문들에 올바른 답을 구하려면, 우리는 언뜻 보기에 전혀 다른 듯한 대상들을 순차적으로 분석하여, 다른 점이 별로 없는 근본까지 파고 들어가야 한다. 계속 파고 들어가다 보면 공통점이 발견되리라는 희망을 갖고 모든 물질과 자연현상을 낱낱이 분해해야 하는 것이다. 이러한 노력 속에서 우리의 이해는 한층 더 깊어지게 된다.

비록 부분적이긴 하지만, 이런 질문의 해답을 얻어내는 방법은 이미 수백 년 전에 개발되었다. 관측과 논리, 그리고 일련의 실험으로 진행되는 이 방법은 '과학' 이라는 명칭으로 불려졌다. 앞으로 우리는 이 과학적 방법으로 구축된 '기초 물리학' 을 집중적으로 탐구하게 될 것이다.

무언가를 '이해한다' 는 것의 진정한 의미는 무엇인가? 이 우주의 진행방식을 하나의 체스게임에 비유해보자. 그렇다면 이 체스게임의 규칙은 신이 정한 것이며, 우리는 게임을 관람하는 관객에 불과하다. 그것도 규칙을 제대로 이해하지 못한 채로 구경할 수밖에 없는 딱한 관객인 것이다. 우리에게 허락된 것은 오로지 게임을 '지켜보는' 것뿐이다. 물론 충분한 시간을 두고 지켜본다면 몇 가지 규칙 정도는 알아낼 수도 있다. 체스게임이 성립되기 위해 반드시 요구되는 기본 규칙들—이것이 바로 기초 물리학이다. 그런데 체스에 사용되는 말의 움직임이 워낙 복잡한데다가 인간의 지성은 명백한 한계가 있기 때문에 모든 규칙을 다 알고 있다 해도 특정한 움직임이 왜 행해졌는지를 전혀 이해하지 못할 수도 있다. 체스게임의 규칙은 비교적 쉽게 배울 수 있지만, 매 순간마다 말이 갈 수 있는 최선의 길을 찾아내는 것은 결코 쉬운 일이 아니기 때문이다. 자연계에서도 사정은 마찬가지다. 난이도가 훨씬 높은 것뿐이다. 우리가 열심히 노력하면 그 복잡하고 어려운 규칙들을 모두 알아낼 수도 있을 것이다. 물론 지금은 규칙의 일부만이 알려져 있다(그래도, 가끔 우리는 무의식적으로 캐슬링—체스 기술의 일종—을 하기도 한다). 규칙을 모두 알아내는 것도 문제지만, 알아낸 규칙으로 설명할 수 있는 현상이 극히 한정되어 있다는 것도 커다란 장애이다. 거의 모든 상황들이 끔찍하게 복잡하여 게임의 진행 양상을 따라가기가 벅찰 뿐만 아니라, 다음에 벌어질 상황을 예측하기도 쉽지 않기 때문이다. 따라서 우리는 '게임의 규칙' 이라는 지극히 기본적인 질문에 집중할 수밖에 없다. 규칙을 모두 이해한다면 그것은 곧 이 세계를 이해하는 것이다. 이것이 바로 우리가 말하는 '이해의 참뜻' 이다.

게임 자체를 완전히 분석하지 못한 상태에서 우리가 추측해낸 규칙들의 진위 여부를 어떻게 알 수 있을까? 거기에는 대략 세 가지 방법이 있다. 첫번째로, 자연적으로 이루어진 상황이건 혹은 우리가 인위적으로 만들었던 간에, 극히 단순한 구조를 가진 자연현상이라면 우리는 앞으로 일어날 일을 비교적 정확하게 예측할 수 있고, 따라서 우리가 짐작했던 '게임의 규칙' 이 얼마나 잘 맞아 떨어지는지도 확인할 수 있다는 것이다(체스판의 한쪽 귀퉁이에 관심을 집중한다면 거기에는 말이 몇 개 없기 때문에 벌어진 상황을 이해하는 것이 아주 쉽다).

게임의 규칙을 확인하는 두 번째 방법은 규칙으로부터 유도된 다소 불분명한 규칙을 이용하는 것이다. 예를 들어, 체스판에서 비숍(bishop)이라는 말은 항상 칸의 대각선 방향으로만 움직일 수 있으므로, 우리는 붉은 비숍이 어떻게 움직였던 간에 항상 붉은 칸 위에 놓여있으리라는 것을 쉽게 짐작할 수 있다. 따라서 게임의 구체적인 상황들을 일일이 고려하지 않고서도 '비숍은 항상 붉은 칸 위에 놓여 있어야 한다' 는 우리의 추론을 검증할 수 있는 것이다(체스의 규칙에 따르면, 가장 졸병에 해당하는 폰(pawn)이 상대방 진영의 마지막 칸에 도달하게 되면, 그때부터는 퀸(queen)이건 비숍이건 자기가 원하는 다른 말로 변할 수 있다. 그러므로 검은 비숍이 붙잡힌 사이에 붉은 폰이 '붉은' 비숍으로 변신해서 '검은' 칸 위에 놓일 가능성이 있긴 하다. 이런 상황은 게임을 계속 지켜보면서 또 다른 규칙을 도입하면 이해될 수 있다). 물리학도 바로 이런 식으로 발전한다. 세부적인 규칙(법칙)들을 모두 이해하지 못한 상황이라 해도 위와 같은 과정을 꾸준히 반복하면서 결국에는 올바른 법칙을 발견하게 되고, 그 와중에 전혀 예기치 못했던 새로운 법칙을 발견할 수도 있다. 기초 물리학에서 가장 관심을 끄는 영역은 기존의 법칙이 잘 통하는 분야가 아니라 잘 먹혀들지 않는 새로운 분야이다! 우리는 이러한 방법으로 새로운 법칙들을 찾아내고 있다.

아이디어의 타당성을 검증하는 세 번째 방법은 전술한 두 가지 방법과 비교할 때 세련미가 다소 떨어지긴 하지만 가장 막강한 위력을 갖고 있다. 바로 '근사적인 방법(approximation)' 이다. 체스게임을 처음 구경하는 사람은 알러킨(Alekhein: 체스 기술의 일종) 기법에서 특정한 말을 왜 그런 방식으로 움직여야 하는지 이해할 수 없다. 그러나 그가 '킹을 보호하려는' 의도 하에 주변의 말들을 킹의 주변으로 모으고 있다는 것 정도는 막연하게나마 알 수 있다. 체스에 대해 별로 아는 것이 없는 사람에게는 이것이 최선이다. 자연을 탐구할 때에도 우리는 그 복잡한 과정들을 일일이 이해할 수 없기 때문에 바로 이런 '대략적인 이해' 로부터 실마리를 풀어나갈 수밖에 없는 것이다.

과거에는 자연현상들을 열, 전기, 역학, 물성, 화학적 현상, 빛(광학), X-선, 핵물리학, 중력, 중간자 현상 등으로 대충 분류했었다. 그러나 우리의 목표는 자연의 특성을 단순히 나열하는 것이 아니라 이러한 구성요소들로부터 자연이 왜 지금과 같은 모습을 갖게 되었는지를 논리적으로 이해하는 것이다. 이것이 바로 현대 이론 물리학이 추구하고 있는 기본적인 방향이다. 이론 물리학은 실험을 통해 새로운 법칙을 발견하고, 이렇게 얻어진 수많은 법칙들을 하나로 묶어왔다. 그러나 흐르는 세월과 함께 새로운 법칙들도 끊임없이 발견되어 왔다. 우리의 선배 물리학자들이 눈앞에 널려 있는 법칙들을 잘 묶어가고 있을 때, 어느 날 갑자기 X-선이 발견되었다. 그래서 그들은 X-선을 자연의 법칙 속에 포함시켜 더욱 규모가 큰 통합을 시도하였다. 이 작업이 성공적으로 진행되던 중에 또 다른 새로운 요소, 즉 중간자(meson)가 발견되었다… 이런 과정은 앞으로도 상당 기간 동안 되풀이 될 것이기에 자연을 상대로 하는 체스게임은 언제 봐도 엉성할 수밖에 없다. 지금까지 상당히 많은 법칙들이 한데 묶여지긴 했지만, 아직도 우리 주변에는 정리되지 않은 끈들이 어지럽게 널려져 있다. 이것이 바로 지금부터 설명할 기초 물리학의 현주소인 것이다.

서로 다른 법칙들을 성공적으로 통합했던 대표적인 사례를 예로 들어보자. 열(heat)과 역학(mechanics) — 언뜻 보기에 이들은 비슷한 점이 거의 없다. 그러나 역학으로 서술되는 원자의 운동이 격렬해질수록, 이 원자들로 이루어진 계(system)는 더욱 많은 양의 열을 갖게 된다. 그러므로 열을 비롯한 모든 온도 효과는 역학적 법칙으로 표현될 수 있는 것이다. 전기와 자기 그리고 빛을 하나의 체계로 통합한 것도 위대한 성공사례이다. 겉모습이 전혀 다른 이들은 동일한 실체의 각기 다른 단면임이 밝혀졌으며, 그 실체는 '전자기장(electromagnetic field)' 이라는 이름으로 명명되었다. 또 다른 사례로는 화학적 현상의 통합을 들 수 있는데, 다양한 물질들의 고유한 특성과 원자의 운동을 하나로 묶은 이 분야는 '양자 화학(quantum mechanics of chemistry)' 으로 불리고 있다.

그렇다면 당장 이런 질문이 떠오를 것이다. "우리가 모든 법칙들을 남김없이 찾아낸다 해도, 그들이 과연 순순히 통합에 응해줄 것인가? 자연에서 발견되는 모든 법칙들이 '동일한 실체의 다른 모습' 이라는 보장이 어디에 있는가?" 이 질문의 답을 아는 사람은 아무도 없다. 우리가 아는 것이라곤 지금까지의 작업이 그런대로 성공적으로 진행되어 왔고, 앞으로도 계속될 것이라는 추측뿐이다. 간혹 도중에 이빨이 맞지 않는 조각이 발견될 수도 있지만, 계속 한 방향으로 노력하다 보면 그림 맞추기 퍼즐처럼 길 잃은 조각들은 서서히 제자리를 찾아갈 것이다. 물론 우리는 완성된 퍼즐이 어떤 그림인지 짐작조차 할 수 없으며, 조각의 개수가 유한한지 아니면 무한한지조차 알 길이 없다. 조각을 다 맞추기 전에는(그럴 수 있을 지도 의문이지만) 아무 것도 알 수 없는 상황이다. 이 강의의 목표는 완성된 퍼즐의 모양을 짐작하는 것이 아니라 최소한의 원리를 이용하여 '현재 통합 작업이 어디까지 진행되어 왔으며, 기초적인 자연현상에 대한 이해가 어느 수준에 이르렀는지' 를 알아보는 것이다. 이것은 다음의 한 문장으로 요약될 수 있다. "사물을 이루는 구성요소는 무엇이며, 그 구성요소의 종류는 얼마나 되는가?" 물론 우리는 그 수가 적기를 희망한다.

1920년 이전의 물리학

최근의 물리학부터 언급하자면 여러분은 다소 부담을 느낄 것이다. 그래서 1920년경으로 되돌아가 당시의 물리학적 관점을 먼저 살펴본 뒤에 몇 가지 중요한 점을 강조하기로 하겠다. 1920년 이전, 우리의 세계관은 대략 다음과 같았다. 우주가 펼쳐지는 무대는 유클리드 기하학으로 서술되는 3차원 공간이며, 모든 사물들은 '시간'이라는 매개체 속에서 모양과 성질이 변해가고 있다. 무대 위에 등장하는 기본 요소들은 원자와 같은 입자(particle)들인데, 이들은 몇 가지 고유한 특성을 갖고 있다. 첫 번째 특성은 관성(inertia)으로서 모든 입자들은 외부로부터 힘을 받지 않는 한 동일한 방향으로 계속 움직이려는 성질을 갖는다. 두 번째 특성은 힘(force)이며, 여기에는 두 가지 종류가 있다. 이들 중 하나는 원자들의 배열 상태를 결정하는 엄청나게 복잡 미묘한 상호작용으로, 소금에 열을 가할 때 소금이 녹는 속도는 바로 이 상호작용에 의해 좌우된다. 다른 하나의 힘은 그 크기가 거리의 제곱에 반비례하면서 아주 먼 곳까지 전달되는 부드럽고 조용한 인력인데, 사람들은 이 힘을 중력(gravitation)이라고 불렀다. 중력의 법칙은 일찌감치 알려져 있었고, 그 형태 또한 아주 간결했다. 그러나 당시에는 "왜 움직이는 물체는 계속 움직이고 싶어 하는가?"나 "중력은 왜 존재하는가?" 따위의 근본적인 질문에는 마땅한 답을 제시할 수 없었다.

이 강의의 주된 목표는 자연을 서술하는 것이다. 이러한 목표의식을 갖고 기체(사실은 모든 물질이 마찬가지지만)를 관찰해보면, 그것은 정신없이 움직이고 있는 무수히 많은 입자들로 이루어져 있음을 알 수 있다. 따라서 앞서 우리가 해변에서 보았던 여러 대상들 사이에는 당장 모종의 관계가 성립된다. 우선, 압력은 벽 또는 이와 비슷한 곳에 원자들이 충돌함으로써 나타나는 현상이다. 그리고 원자의 흐름이 한 쪽 방향으로만 진행된다면 그것은 바람이 된다. 한정된 영역 안에서 원자들이 무작위적으로 난동을 치면 열이 발생하며, 한 지역의 밀도가 초과되어 저밀도 지역으로 입자들이 파도를 치듯이 밀려나가는 현상은 소리를 만들어낸다. 모든 물질들이 원자로 이루어져 있다는 간단한 사실 하나만으로 이렇게 많은 현상들을 이해할 수 있다는 것은 엄청난 발전이다. 지금 언급한 현상들 중 일부는 이미 첫 번째 강의에서 설명한 바 있다.

자연에는 얼마나 많은 종류의 입자들이 존재하는가? 1920년 당시에는 92종으로 알려져 있었다. 그때까지 발견된 원자의 종류가 92가지였기 때문이다. 이들은 화학적 성질에 따라 각기 고유의 이름이 붙여졌다.

그 다음으로 제기된 문제는 아주 짧은 거리 이내에서만 작용하는 힘(short-range force)에 관한 것이었다. 탄소는 산소 한 개(CO), 또는 두 개(CO_2)만을 끌어당겨서 화합물을 만드는데, 산소 세 개와 결합한 탄소화합물(CO_3)은 왜 존재하지 않는 것인가? 원자들 사이에서 일어나고 있는 상호작용의 정체는 무엇인가? 혹시 그것은 중력이 아닐까? 물론 중력은 아니다. 중력은 너무나도 약한 힘이기 때문에 도저히 원자들을 한데 붙여놓을 수 없다. 그렇다면 중력처럼 거리의 제곱에 반비례하면서 중력보다 훨씬 강력한 힘을 상상해보자. 중력은 항상 인력의 형태로 작용하지만, 우리가 지금 상상하는 힘은 인력과 척력의 두 가지 형태로 작용한다고 가정해보자. 그렇다면 인력 · 척력을 좌우하는 요인이 있어야 한다. 즉, 이 힘을 발휘하는 물체는 두 가지 물성을 가지고 있어서 물성이 같으면 서로 밀어내고, 다르면 서로 끌어당기는 특성을 갖고 있다. 두말 할 것도 없이 이것은 바로 전기력의 특징이며, 인력 · 척력을 좌우하는 물성에는 '전하(charge)'라는 이름이 붙어 있다.

자, 여기 서로 다른 전하를 가진 두 개의 입자가 있다. 한 입자의 전하는 양이고, 다른 입자의 전하는 음이다. 그리고 이들은 매우 가깝게 근접해 있다. 이런 상황에서 멀리 떨어진 곳에 제 3의 하전입자(전하를 가진 입자)를 갖다놓는다면 어떤 일이 벌어질 것인가? 끌거나 밀어내는 힘이 작용할 것인가? 처음에 가정했던 두 개의 입자들이 같은 양의 전하(부호는 반대!)를 갖고 있었다면, 이 경우에는 아무런 일도 일어나지 않는다. 제 3의 입자의 전하가 양이건 혹은 음이건 간에, 첫 번째 입자와 주고받는 인력(또는 척력)이 두 번째 입자와 주고받는 척력(또는 인력)과 상쇄되기 때문이다. 물론 입자 1과 입자 3 사이의 거리는 입자 2와 입자 3 사이의 거리와 정확하게 일치하지 않을 수도 있기 때문에 이 두 개의 힘은 항상 정확하게 상쇄되지는 않는다. 그러나 입자 1과 입자 2 사이의 거리에 비해 입자 3의 거리가 충분히 먼 경우에는 상쇄되고 남은 힘이 아주 작아서 무시할 수 있게 된다. 그렇다면 제 3의 입자를 처음 두 개의 입자와 아주 가까운 곳에 갖다놓았을 때에는 무슨 일이 생길까? 이 경우, 제 3의 입자는 '당겨진다'. 같은 전하끼리는 서로 밀어내서 거리가 멀어지고, 다른 전하끼리는 서로 끌어당겨서 거리가 가까워지기 때문에, 결국 척력보다 인력이 커지는 것이다. 바로 이런 이유 때문에 양전하와 음전하로 이루어진 원자들은 서로 적당한 거리를 유지하는 한 주고받는 힘이 거의 없다(그래도 중력은 작용한다). 그러나 원자들이 서로 가깝게 접근하면 서로 상대방의 내부구조를 '볼 수' 있게 되어 자신의 전하 배치가 달라지고, 그 결과 매우 강한 상호작용을 주고받게 된다. 그러므로 원자들 사이에 작용하는 힘의 근원은 '전기력'이라고 할 수 있다. 이 힘은 위력이 엄청나기 때문에 양/음 전하를 가진 모든 입자들은 가능한 한 가깝게 밀착된 상태로 구조를 유지하고 있다. 인간을 포함한 이 세상의 모든 만물들은 수많은 양/음 전하로 이루어져 있는데, 엄청나게 강한 인력과 이에 못지않게 강한 척력이 서로 팽팽하게 균형을 이루어 전체적으로 평온함을 유지하고 있는 것이다. 두 개 이상의 물체들을 서로 문지르면 양전하나 음전하가 물체로부터 분리되는 경우가 있는데(양전하보다 음전하가 더 쉽게 분리된다), 우리가 일상생활 속에서 전기력의 존재를 눈으로 확인할 수 있는 대표적인 사례가 바로 이것이다.

전기력이 중력보다 얼마나 더 강한지를 알아보기 위해, 30미터 간격을 두고 떨어져 있는 직경 1㎜짜리 모래알갱이 두 개를 상상해보자. 만일 이 모래알갱이 속에 양/음 전하가 골고루 분포되어 있지 않고 한 가지 종류의 전하만으로 이루어져 있다면, 두 모래알 사이에 작용하는 척력의 크기는 무려 300만 톤이나 된다. 따라서 어떤 물체에 양 또는 음전하가 아주 조금이라도 모자라거나 넘쳐난다면 그 효과는 명백하게 나타난다. 그래서 우리는 일상생활 속에서도 대전된 물체와 그렇지 않은(중성) 물체를 쉽게 구별할 수 있는 것이다. 대전된 물체라 해도, 분리된 입자(주로 음전하)의 수는 극히 소량이기 때문에 그 물체의 크기나 무게는 거의 변하지 않는다.

1920년경의 물리학자들은 원자의 세부구조를 다음과 같이 이해하고 있었다 — 모든 원자의 중심에는 매우 무거운 '핵(nucleus)'이 자리잡고 있다. 핵은 전기적으로 양전하를 띠고 있으며, 그 주위는 음전하를 띤 일단의 '전자(electron)'들이 에워싸고 있다. 여기서 한걸음 더 나아가 핵의 내부구조를 들여다보면, 양성자(proton)와 중성자(neutron)의 집합으로 이루어져 있는데, 이 두 종류의 입자들은 크기가 거의 비슷하고 양성자는 양전하를 띠고 있으며 중성자는 전기적으로 중성이다(즉, 전하를 갖고 있지 않다). 예를 들어, 여섯 개의 양성자가 핵 안에 들어있고 그 주변에 여섯 개의 전자가 에워싸고 있다면, 이 집합체는 원자번호 '6'인 탄소(carbon)원자가 된다(일상적인 세계에서 음전하를 갖는 입자는 전자뿐이며, 이들은 핵을 이루는 양성자나 중성자에 비해 매우 가볍다). 원자번호 8번은 산소(O), 9번은 불소(F) 등등으로 불리는데, 원자마다 고유번호가 붙여져 있는 이유는 원자의 중요한 화학적 성질이 핵의 주변을 에워싸고 있는 전자의 '개수'에 의해 전적으로 좌우되기 때문이다(원자에 관심을 갖는 사람들이 오로지 화학자들뿐이었다면 원자의 이름은 1, 2, 3, 4, 5,…와 같이 번호만으로 명명되었을지도 모른다. 하지만 원자가 처음 발견되었을 당시에는 전자 개수의 중요성이 알려져 있지 않았다. 물론 지금은 고유한 이름이나 기호로 원자를 표현하는 것이 훨씬 더 효율적이라는 사실에 이의를 달 사람은 없다).

그 후로 전기력에 대하여 더욱 많은 사실들이 밝혀졌다. 이전까지는 전기력이라는 것이 '전하의 부호가 다른 두 하전입자들이 서로 잡아당기는 힘'으로 이해되었었다. 그러나 이런 단순한 시나리오로는 새롭게 발견된 사실들을 설명할 수 없었다. 더욱 적절한 설명은 "양전하의 존재가 공간상에 어떤 '상태(condition)'를 형성하며, 그 안에 음전하가 들어오면 끌어당겨지는 힘을 느끼게 한다"는 것이다. 힘을 발생시키는 이 잠재적인 능력을 우리는 '전기장(electric field)'이라 부른다. 전기장의 영향권 안에 전자를 집어넣으면 전자는 "당겨진다"고 표현되는데, 여기에는 두 가지 법칙이 있다. (a) 전하는 전기장을 만들어내고, (b) 전기장 속의 전하는 특정 방향으로 힘을 받아 움직이기 시작한다. 다음의 현상을 살펴보면 그 이유가 분명해질 것이다. 머리빗을 문질러서 전기적으로 대전시키고 적당한 거리에 대전된 종이조각을 놓아둔 다음, 머리빗을 앞뒤로 흔들면 종이조각은 항상 머리빗을 향한 방향으로 반응을 보일 것이다. 이때, 머리빗을 좀더 빨리 흔들면 종이조각은 약간 뒤쪽으로 처지는데, 그 이유는 작용이 '지연'되었기 때문이다(빗을 천천히 흔드는 경우에는 자기(magnetism)현상까지 발생하여 상황이 아주 복잡해진다. 자기적 영향은 하전입자들 사이의 '상대적 운동상태'와 관련되어 있기 때문에, 자기력과 전기력은 동일한 하나의 장(field)에서 비롯된다고 말할 수 있다. 다시 말해서, 전기와 자기는 동일한 현상의 서로 다른 측면이라는 것이다. 자기적 현상이 동반되지 않고는 전기장을 변화시킬 수 없다). 종이조각을 머리빗으로부터 더 멀리 떼어놓으면 지연현상이 더욱 두드러지게 나타나며, 이때 매우 재미있는 현상이 관측된다. 대전된 두 물체 사이에 작용하는 힘은 거리의 제곱에 반비례하는데, 물체를 흔들면 그 영향은 우리가 예상했던 것보다 훨씬 먼 곳까지 전달되는 것이다. 즉, 머리빗을 흔들어서 발생된 영향은 거리의 역제곱보다 느리게 감소한다는 뜻이다.

이와 비슷한 사례를 하나만 들어보자. 당신은 수영장에 몸을 담그고 있고, 바로 옆 수면에는 누군가가 버린 코르크 조각이 떠 있다. 당신은 코르크를 멀리 밀어내기 위해 또 다른 코르크 조각을 손에 쥐고 물결을 일으켰다. 이 상황에서 당신을 빼놓고 두 개의 코르크 조각에만 관심을 집중한다면, 이것은 하나의 코르크 조각이 움직여서 다른 코르크 조각의 운동을 야기한 경우에 해당된다. 즉, 이들 사이에 모종의 '상호작용'이 발생한 것이다. 물론 사실대로 따지자면 당신의 팔 힘이 코르크 조각에 전달되어 물결을 만들었고, 이 물결이 다른 코르크 조각에 전달되면서 운동이 발생한 것이다. 그렇다면 당장 하나의 법칙을 만들어낼 수 있다—"물을 밀어내면 근처에 떠 있는 물체가 움직인다." 물 위에 떠 있는 코르크 조각을 좀더 먼 곳에 갖다놓고 물결을 일으키면 코르크 조각은 거의 움직이지 않는다. 왜냐하면 물을 밀어내는 당신의 행위는 '국소적(local)' 인 범위에만 영향을 주기 때문이다. 코르크 조각을 빠르게 흔들면 새로운 현상이 나타난다. 즉 코르크의 떨림이 물에 전달되면서 '파동(wave)' 이 발생하여 멀리 있는 곳까지 전달되는 것이다. 이것은 일종의 진동으로서, 직접적인 상호작용으로는 설명될 수 없다. 따라서 상호작용이라는 개념은 물의 존재를 통해 이해되어야 하며, 전기력의 경우에는 '전자기장' 의 개념을 도입할 수밖에 없는 것이다.

전자기장은 파동을 실어 나를 수 있다. 실려 가는 파동 중 일부는 빛(가시광선)이며, 라디오 방송을 송신할 때 사용되는 라디오파도 여기 포함되어 있다. 이 모든 파동들을 한데 묶어서 부르는 이름이 '전자기파(electromagnetic wave)' 이다. 이들은 모두 진동하면서 전달되기 때문에 각기 고유한 진동수(frequency)를 갖고 있다. 전자기파 속에 섞여있는 여러 파동들의 차이점이라고는 오로지 진동수(1초당 진동하는 횟수) 뿐이다. 하전입자를 앞뒤로 빠르게 진동시켰을 때 나타나는 현상은 하나의 숫자, 즉 '진동수로 대표되는 여러 종류의 파동' 이라고 간략하게 표현될 수 있다. 가정용 전깃줄 속을 흐르는 전류는 1초당 약 100회의 진동을 하고 있다. 여기서 진동수를 초당 500,000~1,000,000회로 증가시키면 당신은 '방송중(on the air)' 이다. 왜냐하면 이것은 라디오 방송을 송출할 때 사용하는 파동이기 때문이다(물론 여기서 말하는 'air' 는 공기하고 아무런 상관이 없다. 라디오파는 공기가 없어도 어디든지 갈 수 있다. 산이나 건물 같은 장애물만 없으면 된다). 여기서 진동수를 더욱 높이면 FM이나 텔레비전 방송이 가능해지고, 계속 더 높여 가면 레이더에 감지되는 단파(short wave)에 이르게 된다. 자, 여기서 진동수를 더 높이면 어떻게 될 것인가? 이때부터는 파동을 수신하는 별도의 장치가 필요 없다. 모든 인간은 선천적으로 이 진동수에 해당하는 파동의 감지장치를 몸에 지니고 있기 때문이다. 바로 우리의 '눈'이 그 감지장치이다! 단파에서 진동수가 더 증가하면 그 파동은 드디어 우리의 눈에 보이기 시작한다. 머리카락과 마찰시켜 대전된 머리빗을 1초당 5×10^{14}~5×10^{15}번 흔들 수만 있다면 빗에서 나오는 빨간색, 파란색, 보라색 등의 빛을 눈으로 볼 수 있을 것이다(색의 차이는 진동수의 차이에서 기인한다). 이보다 낮은 진동수는 적외선(infrared)이며, 더 높은 진동수의 파동은 자외선(ultraviolet)에 해당된다. 물리학자들은 눈에 보이는 진동수(가시광선) 영역이라고 해서 다른 영역보다 깊은 관심을 보이지는 않는다. 그러나 일상에 묻혀 사는 사람들은 당연히 가시광선 영역에 각별한 관심을 보일 수밖에 없다. 적외선이나 자외선은 사람의 눈에 보이지 않기 때문이다. 자외선 영역에서 진동수를 더욱 키워나가면 X-선을 얻을 수 있다. X-선은 전혀 유별난 존재가 아니다. 그것은 그저 진동수가 높은 빛일 뿐이다. 그리고 여기서 진동수를 더 높이면 감마(gamma)선이 얻어진다. 사실 X-선과 감마선은 거의 비슷한 뜻으로 통용되고 있다. 보통은 원자핵에서 방출되는 전자기파를 감마선이라 부르고, 높은 에너지 상태의 원자에서 방출되는 전자기파를 X-선이라 부르고 있지만, 이들이 어디서 방출되건 간에 진동수가 같으면 물리적으로 완전히 동일하게 취급된다. 초당 10^{24}의 엄청난 진동수를 갖는 전자기파도 있다. 이러한 파는 실험실에서 인공적으로 만들어낼 수 있다. 칼텍에 있는 싱크로트론(synchrotron)을 사용한다면 가능한 일이다. 우주선(cosmic ray)에 실려 오는 전자기파는 이보다 수천 배나 큰 진동수를 갖고 있으며, 이 정도가 되면 인공적으로 제어할 방법이 없다.

표 2-1. 전자기파의 스펙트럼

1초당 진동횟수(진동수)	이름	대략적인 외형
10^{2}	전기적 진동	장(場, field)
$5\times10^{5}\sim10^{6}$	라디오파	파동
10^{8}	FM, TV	〃
10^{10}	레이더	〃
$5\times10^{14}\sim10^{15}$	빛(가시광선)	〃
10^{18}	X-선	입자
10^{21}	핵에서 방출된 감마선	〃
10^{24}	인공 감마선	〃
10^{27}	우주선 속의 감마선	〃

양자물리학

이제 여러분은 전자기장이라는 개념과, 장이 파동을 실어 나른다는 사실을 어느 정도 이해했을 것이다. 그러나 이제 곧 알게 되겠지만, 이런 파동들은 전혀 파동답게 행동하지 않는다. 진동수가 높아질수록 파동은 입자를 닮아가는 것이다! 1920년대 초기에 탄생한 양자역학은 바로 이 신기한 현상을 설명하기 위해 개발되었다. 1920년 이전에는 아인슈타인의 물리학이 권좌를 차지하고 있었다. 전혀 다른 존재로 여겨졌던 3차원의 공간과 1차원의 시간은 상대성이론에 의해 '4차원의 시공간' 으로 통합되었고, 중력을 설명하기 위해 '휘어진 시공간' 의 개념이 도입되어 있었다. 따라서 물리학의 주된 무대는 시공간이었으며 중력은 시공간을 변형시키는 원인으로 이해되었다. 이렇게 시간과 공간의 개념이 변화를 겪던 무렵에 입자의 운동에 관한 법칙에서도 심각한 문제점이 발견되었다. 뉴턴이 발견했던 '관성' 과 '힘' 의 법칙이 원자에는 통하지 않았던 것이다. 아주 작은 규모(미시적 세계)에 적용되는 법칙은 큰 규모(거시적 세계)의 경우와 전혀 딴판이었다. 이것 때문에 물리학은 한층 더 어려워졌지만, 그와 동시에 아주 재미있는 학문이 되기도 했다. 왜 어려워졌을까? 미시세계에서 작은 입자들의 행동방식이 너무나 '부자연스러웠기' 때문이다. 사람은 미시세계를 직접 경험할 수 없기 때문에, 이 희한한 행동양식을 체계적으로 연구한다는 것 자체가 불가능했다. 그래서 물리학자들은 분석적인 방법을 동원할 수밖에 없었으며, 상상력을 최대한으로 발휘해야만 했다.

양자역학은 매우 다양한 모습을 갖고 있다. 우선, 양자역학적 관점에서 바라본 입자는 정확한 위치나 정확한 속도를 가질 수 없다. 다시 말해서, 뉴턴의 고전역학이 틀렸다는 뜻이다. 양자역학에 의하면, 우리는 임의의 물체의 위치와 빠르기(속도)를 '동시에' 정확하게 알 수 없다. 운동량(질량×속도)의 불확정성과 위치의 불확정성은 서로 상보적 관계(한쪽이 커지면 다른 한쪽이 작아지는 관계)에 있으며, 이들을 곱하면 항상 어떤 특정 상수보다 크거나 같다. 이를 수식으로 표현하면 $\Delta x \Delta p \geq h/2\pi$이다. 여기에 담긴 의미는 나중에 자세히 설명하기로 한다. 어쨌거나, 이 수식은 지독한 역설이다. 원자는 양전하와 음전하를 모두 갖고 있는데, 왜 이들은 가깝게 달라붙어서 전하를 상쇄시키지 않고 그토록 큰 공간을 차지하고 있는 것일까? 반대부호의 전하들이 서로 끌어당긴다는 사실을 상기해보면, 이것은 정말 미스터리가 아닐 수 없다. 왜 원자의 핵은 중앙에 놓여 있고, 그 주위를 전자들이 에워싸고 있는가? 처음에는 핵의 크기가 커서 그렇다고 생각했으나, 알고 보니 전혀 그렇지 않았다. 원자 전체의 크기는 10^{-8}cm인데, 그 한가운데를 점유하고 있는 핵은 10^{-13}cm밖에 되지 않는다. 원자를 집 안의 거실만한 크기로 확대한다 해도, 핵은 거실 바닥에 나 있는 바늘 구멍 정도의 크기에 불과하다. 그러나 원자가 갖는 질량의 대부분은 이 조그만 핵에 집중되어 있다. 그렇다면, 주위의 전자들은 왜 핵 속으로 빨려 들어가지 않는가? 그 이유는 다음과 같다. 만일 전자가 핵 속으로 빨려 들어간다면 우리는 전자의 위치를 매우 정확하게 알 수 있게 된다. 그런데 불확정성원리에 의하면 위치와 운동량의 불확정성을 곱한 값이 특정 상수보다 커야하기 때문에, 이 법칙에 위배되지 않으려면 운동량이 엄청나게 커지는 수밖에 없다. 그런데 운동량이 크다는 것은 곧 운동 에너지가 크다는 것을 의미하므로, 이렇게 큰 에너지를 가진 전자는 핵으로부터 멀리 탈출해버릴 것이다. 따라서 원자의 기본적인 형태를 유지하려면 핵과 전자는 적당한 선에서 타협을 보는 수밖에 없다. 즉, 전자는 '적당한' 크기의 영역 안에서 '적당한' 속도를 유지해야 하는 것이다(앞에서 나는 고체의 온도를 절대온도 0K까지 냉각시켜도 원자들은 최소한의 운동상태를 유지한다고 말했었다. 왜 그런가? 만일 원자가 움직임을 멈춘다면 위치의 불확정성(Δx)이 '0'이 되어, 무한대의 운동량을 갖기 때문이다. 이렇게 되면 원자가 어느 곳에서 얼마나 빠르게 움직이는지 종잡을 수가 없게 된다. 따라서 절대온도 0K에서도 원자는 움직여야만 한다).

양자역학은 매우 흥미로운 과학 철학적 개념을 낳기도 했다. 아무리 이상적인 상황에서도 앞으로 어떤 일이 일어날지를 '정확하게' 예측하는 것이 불가능하다는 것이다. 예를 들어, 실험실에서 원자들의 상태를 조절하여 빛을 방출하도록 만들었다고 하자(이것은 얼마든지 가능한 일이다). 그리고 잠시 후에 다시 언급하겠지만, 원자로부터 방출된 빛을 감지하는 장치를 그 근처에 대기시켰다고 하자. 이제 잠시 후면 감지기는 빛이 도달했음을 알리는 신호음을 내줄 것이다. 그런데 이런 상황에서도 '어떤' 원자가 '언제' 빛을 방출할 것인지를 알아내는 방법은 없다. 여러분은 이 한계가 원자의 내부에 대한 '정보 부족'

에서 기인했다고 생각할지도 모른다. 그러나 사실은 그렇지 않다. 빛의 방출과 관계된 원자의 성질에 관한 한, 우리가 모르는 더 이상의 정보는 없다. 그런데도 결과는 이렇게 실망스럽기만 하다. 이와 같이 자연은 '앞으로의 일을 예측할 수 없는' 방식으로 운영되고 있는 것이다. 물리학자의 입장에서 볼 때 이것은 재앙이나 다름없다. 오랜 옛날부터 철학자들은 과학이 갖춰야 할 조건으로 "언제, 누가 실험을 하건 간에, 동일한 조건하에서는 항상 동일한 결과가 얻어져야 한다"는 점을 강조해왔다. 그러나 양자역학이 등장하면서 과학은 이 대전제를 포기해야만 했다. 그것은 과학뿐만 아니라, 이 우주 안에서 얻을 수 있는 모든 수단과 방법을 동원해도 만족시킬 수 없는 조건이었던 것이다. 그렇다고 과학을 포기할 것인가? 물론 그럴 수는 없다. 철학자들이 내걸었던 과학의 조건은 양자역학이 탄생하기 전의 이야기였으므로, 약간의 수정만 가하면 된다. 어떤 일이 일어날지 정확하게 예견할 수 없다 해도, 어떤 일이 일어난 '확률'은 알 수 있지 않은가! 이 확률만으로도 물리학은 훌륭하게 유지될 수 있다. 지난 세월 동안 철학자들은 '엄밀한 과학이 갖춰야 할 조건'에 대하여 참으로 많은 이야기를 해왔지만, 그들의 주장은 다소 비전문가적이었으며 사실과는 거리가 있었다. 예를 들어, 어떤 철학자가 "스톡홀름에서 실험을 행하여 어떤 결과가 얻어졌다면, 이 결과는 동일한 조건하에서 실험을 행한 퀴토(Quito: 적도 상에 위치한 에콰도르의 수도: 옮긴이)의 실험실에서도 얻어져야 한다"는 주장을 펼쳤다고 하자. 이것이 과연 맞는 말인가? 스톡홀름에서 진행된 실험이 극광(오로라)을 관측하는 것이었다면,

퀴토에서도 극광이 보여야 한다는 말인가? 아니다. 퀴토에서는 절대로 극광을 볼 수 없다. 철학자의 주장은 '경험적 사실'이 될 수는 있겠지만, 과학이 반드시 갖추어야 할 필요조건은 아니다. "그것은 실험실 바깥을 관측했기 때문에 발생한 차이점이 아닌가? 실험실을 완전히 밀폐시킨 상태에서 극광 관측 말고 다른 실험을 한다면 그 결과는 같아야 하는 것 아닌가?" 여러분은 이렇게 묻고 싶을 것이다. 하지만 그렇게 차단된 환경에서 실험을 한다 해도 다른 결과는 얼마든지 나올 수 있다. 천장에 추(진자)를 매달아 흔드는 실험을 예로 들어보자. 스톡홀름의 경우, 흔들리는 진자의 궤적이 속한 평면은 지면(실험실 바닥)에 대하여 일정한 속도로 회전하게 된다. 이것은 1851년에 푸코(J. B. L. Foucault)가 발견한 아주 유명한 현상이다. 그러나 퀴토는 적도상에 있기 때문에 그곳에서는 푸코의 회전현상이 관측되지 않는다. 자, 실험실을 밀폐시켰는데도 결과가 다르지 않은가? 그래도 과학은 멀쩡하다. 전혀 와해되지 않았다. 그렇다면, 과학에 적용되는 근본적인 가설(철학)은 과연 무엇인가? 첫 번째 강의에서 언급한 바와 같이, "모든 아이디어의 타당성은 오로지 실험을 통해 검증되어야 한다"는 요구가 바로 그것이다. 만일 대부분의 실험결과가 스톡홀름과 퀴토에서 동일하게 나왔다면, 우리는 이로부터 일반적인 법칙을 유도해낼 것이며, 결과가 일치하지 않는 일부 실험에 대해서는 각 지역의 환경적인 차이에서 그 원인을 찾아낼 것이다. 그리고는 실험 결과들을 효과적으로 요약하는 방법을 개발할 것이다. 이 방법의 구체적인 모양새에 관해서는 지금 언급할 필요가 없을 것 같다. 어쨌거나, 동일한 실험에서 동일한 결과를 얻었다면 아주 바람직한 일이고, 그렇지 않았다 해도 그 또한 사실로 받아들이면 그만이다. 우리는 그저 실험결과를 받아들이면서, 여기에 우리의 경험을 추가하여 머릿속의 아이디어를 체계화시켜 나갈 뿐이다.

다시 양자역학과 기초 물리학으로 돌아가자. 양자역학적 원리의 자세한 부분들은 난이도가 꽤 높기 때문에 지금 당장은 언급하지 않을 생각이다. 그러므로 일단은 "양자역학이라는 분야가 있다고 하더라. 그런데 무지 어렵다더라" 정도로 기억해두고, 지금부터는 양자역학이 낳은 결과에 관심을 돌려보자. 가장 놀라운 것은 우리가 파동이라고 생각했던 것들이 입자처럼 행동한다는 것이다. 물론 그 반대도 성립한다. 입자들도 파동적 성질을 갖는다. 조금 더 엄밀하게 말하자면, 이 세상의 모든 만물은 파동성과 입자성을 모두 갖고 있다. 그러므로 파동과 입자를 구별할 만한 기준 같은 것은 더 이상 존재하지 않는다. 양자역학은 장(field)과 파동(wave), 그리고 입자(particle)라는 개념들을 하나의 실체로 통일시켜버렸다. 진동수가 낮을 때에는 물체가 만들어낸 장의 특성이 분명하게 나타나며, 우리가 경험으로 알고 있는 기존의 현상들을 근사적으로 서술할 때에도 장의 개념은 매우 유용하다. 그러나 진동수가 높아지면 우리가 통상적으로 사용하는 관측 장비에는 진동자(진동하는 주체)의 입자적 성질이 주로 관측된다. 지금까지 나는 수치에 제약을 받지 않고 진동수를 마음대로 키워나갔지만, 사실 10^{12} 이상의 진동수와 직접적으로 관련된 현상은 지금까지 단 한 번도 발견된 적이 없다. 단지 양자역학으로부터 얻어진 파동-입자의 이

중성에 입각하여 높은 에너지를 갖는 '입자'로부터 진동수를 유추해 낸 것뿐이다.

이런 방식으로, 우리는 전자기적 상호작용을 새로운 관점에서 바라볼 수 있게 되었다. 그런데 이렇게 바라보니 전자와 양성자, 그리고 중성자 이외에 또 하나의 입자가 추가될 여지가 남아 있음을 알게 되었으며, 이 새로운 입자에는 '광자(photon)'라는 이름이 붙여졌다. 고전적 관점에서 본 전자-양성자 간의 상호작용은 19세기 말에 전자기학이라는 이론으로 정립되었는데, 이 모든 것을 양자역학적 버전으로 재구성한 이론이 바로 '양자전기역학(QED: quantum electro-dynamics)'이다. 이는 빛과 물질 간의 상호작용(또는 장과 전하 사이의 상호작용)을 설명해주는 이론으로서, 물리학 역사상 가장 성공적인 작품으로 꼽아도 손색이 없다. 이 하나의 이론 속에는 중력과 핵의 내부를 제외한 모든 자연현상들이 논리 정연한 법칙들 속에 깔끔하게 정리되어 있다. 예를 들어 이미 알려져 있는 전기, 역학, 화학 등에 관한 모든 법칙들은 양자전기역학으로부터 자연스럽게 유도된다. 당구공의 충돌이나 자기장 속에 놓인 전선의 운동, 일산화탄소의 비열, 네온등의 색상, 소금의 밀도, 그리고 산소와 수소가 반응하여 물이 되는 과정 등은 모두 양자전기역학의 법칙으로부터 이론적으로 계산될 수 있다. 근사적인 계산이 가능한 상황이라면 양자전기역학은 정확도에서 타의 추종을 불허하는 이론이다. 이 이론이 틀렸다는 증거는 지금까지 단 한 번도 발견된 적이 없다. 단, 핵의 내부에 관해서는 아직 알려진 것이 별로 없기 때문에 양자전기역학이 그곳에서도 통할지는 아직 미지로 남아 있다(이 책이 처음 출판된 것은 1963년 — 지금으로부터 40년 전임을 상기하기 바란다: 옮긴이).

원리적으로 따져볼 때, 생명에 관한 연구는 화학으로 귀결되며, 화학은 이미 물리학의 범주로 들어왔기 때문에, 양자전기역학은 모든 화학과 생명현상까지 포함하는 이론이라고 할 수 있다. 게다가 양자전기역학이 예견할 수 있는 분야는 무궁무진하다. 초 고에너지 광자와 감마선 등의 성질을 비롯하여 양전자(positron)의 존재도 양자전기역학으로부터 유도될 수 있다(양전자는 전자와 질량이 같으면서 전하의 부호가 반대인 입자이다. 전자와 양전자가 만나면 이들은 빛이나 감마선을 방출하면서 소멸된다. 이것은 빛과 감마선이 '진동수만 다른' 동일한 실체임을 보여주는 또 하나의 사례이다). 이 사실을 일반화시키면 모든 입자들이 자신의 파트너에 해당하는 '반입자(antiparticle)' 를 갖고 있다고 말할 수 있는데, 이것은 놀랍게도 사실임이 입증되었다. 전자는 오래 전에 발견되어 이미 유명세를 타고 있었기 때문에 파트너에게까지 새 이름을 선사할 수 있었지만, 다른 입자들은 파트너의 이름 앞에 '반(反: anti-)' 이라는 접두어가 붙는 것으로 만족해야 했다. 반양성자(antiproton), 반중성자(antineutron) 등이 대표적인 사례이다. 양자전기역학에서 필요한 입력 데이터는 단 두 개이며, 이로부터 모든 정보가 출력된다. 이 두 개의 입력 데이터는 흔히 '전자의 질량' 과 '전자의 전하' 라고 언급되곤 하는데, 사실 이것은 반드시 옳다고 볼 수 없다. 핵의 무게를 나타내는 숫자만 해도 100여 가지가 넘기 때문이다. 지금부터 그 속사정을 살펴보기로 하자.

핵과 입자

핵은 무엇으로 이루어져 있는가? 그 구성 성분들은 무슨 힘으로 그토록 단단하게 뭉쳐져 있는가? 핵자(핵을 구성하는 입자)들은 엄청난 힘으로 서로를 잡아당기고 있다. 그래서 이들을 분리시키면 엄청난 양의 에너지가 외부로 방출된다. 이것은 TNT가 폭발할 때 방출되는 에너지와는 수준이 다르다. TNT의 파괴력은 핵과 멀리 떨어져 있는 외곽전자의 배열이 바뀌면서 발생하지만, 원자폭탄의 파괴력은 핵의 내부구조가 바뀌면서 발생하기 때문이다. 그렇다면, 양성자와 중성자를 한데 묶어 놓는 힘의 정체는 과연 무엇인가? 일본의 물리학자인 유가와 히데키(湯川秀樹)는 전자기력과 광자가 밀접하게 관련되어 있음에 착안하여, 핵자들 사이에 작용하는 힘도 일종의 장(field)을 통해 전달되며 장의 진동은 입자의 형태로 나타날 것이라고 제안하였다. 이것은 곧 양성자와 중성자 이외에 다른 입자가 추가로 존재한다는 것을 의미했고, 유가와는 이미 알려져 있는 핵력의 특성에서 새로운 입자의 성질을 유추해내었다. 그의 계산에 의하면 이 입자의 질량은 전자 질량의 200~300배나 되었는데, 어느 날 우주선(cosmic ray) 속에서 이런 질량을 갖는 입자가 실제로 발견되었다. 그러나 후에 이 입자는 유가와가 예견했던 입자가 아니었음이 밝혀졌다. 뮤-중간자(μ-meson), 또는 뮤온(muon)이라 불리는 입자가 바로 그것이다.

이보다 조금 전, 그러니까 1947~1948년 무렵에 파이-중간자(π-meson), 또는 파이온(pion)이라 불리는 입자가 발견되었는데, 이 입자야말로 유가와가 원하던 조건을 모두 갖추고 있었다. 이제 핵력을 완전하게 이해하려면 양성자와 중성자 이외에 파이온을 추가해야 한다. 자, 이것으로 모든 문제가 해결 되었을까? "와! 대단한데? 그렇다면 이제 파이온을 추가하여 양자핵역학(quantum nucleodynamics)을 만들기만 하면 되겠군. 제대로 만들어지기만 하면 모든 의문이 술술 풀어지겠지…" 여러분은 이렇게 생각할지도 모르겠다. 그러나 실제 사정은 전혀 그렇지가 않았다. 이 이론에 등장하는 계산들이 너무나도 어려워서, 실용적인 결과를 단 하나도 얻어내지 못한 것이다. 전자기력의 구조를 본따서 만든 핵력이론은 실험치와 비교할 만한 계산 결과를 전혀 제시하지 못한 채로 근 20년의 세월을 보내버렸다! (1963년을 기준으로 한 계산이다: 옮긴이)

물리학자들은 아직도 이 이론에 매달리고 있다. 그것이 맞는지 틀리는지는 확인할 길이 없지만, 그다지 '많이 틀리지는 않은' 이론이라는 것을 알고 있기 때문이다. 이론 물리학자들이 핵력이론에 매달려 세월을 보내는 동안, 실험 물리학자들은 몇 가지 새로운 입자들을 발견해냈다. 뮤온(뮤-중간자)은 이미 발견되었지만 이 입자가 물질과 대체 어떤 관계가 있는지는 아직도 오리무중이다. 우주선 속에서는 새로운 입자들이 다량으로 발견되기도 했다. 지금까지 알려진 입자는 대략 30종류 정도인데, 이 모든 입자들 사이의 상호관계는 아직 밝혀지지 않고 있다. 간단히 말해서, "이들이 왜 존재하는지"를 모르고 있는 것이다. 지금 우리는 근 30종의 입자들이 '동일한 존재의 다른 측면' 이라는 증거를 찾고 있지만 아직 이렇다할 성과는 없다. 모든 것을 하나로 통합해줄 매끈한 이론이 없는 상태에서, 서로 연관성이 없어 보이는 다양한 입자들의 목록만 확보하고 있는 것이다. 양자전기역학이 대성공을 거둔 후에 핵물리학 분야에서도 약간의 진보가 있었다. 반은 경험으로, 반은 가설에 기초한 이론으로 집요하게 파고들어서 몇 가지 새로운 사실을 밝혀낸 것이다. 그러나 핵력의 원천이 무엇인지는 여전히 미지로 남아있다. 다른 분야에서도 물론 진전은 있었다. 엄청난 양의 화학 원소들을 체계적으로 분류할 수 있게 된 것이다. 원소들 사이의 관계가 어느 날 갑자기 분명해지면서, 결국에는 멘델레예프(Mendeleev)의 주기율표를 통해 말끔하게 정리되었다. 예를 들어, 나트륨(Na)과 칼륨(K)은 화학적 성질이 비슷하기 때문에 주기율표의 같은 세로줄 상에 자리를 잡고 있다. 입자(엄밀하게 말하면 소립자)에 관심을 갖는 물리학자들도, 주기율표와 비슷한 '소립자표'를 완성하기 위해 지금도 연구에 박차를 가하고 있다. 미국의 겔-만(Murray Gell-Mann)과 일본의 니시지마 카즈히코(西島和彦)는 그들 나름대로의 소립자표를 만들어서 발표하였는데, 여기에는 소립자들이 전기전하와 기묘도(strangeness) S에 따라 분류되어 있다. 전기전하가 항상 보존되는 것처럼, 기묘도 S 역시 핵력이 작용하는 반응 과정에서 일정한 값으로 보존된다.

표 2-2에는 지금까지 알려진 모든 입자들이 정리되어 있다. 지금 여러분에게 자세한 설명을 할 수는 없지만, 이 표로부터 지금 우리가 입자들에 대해 '얼마나 모르고 있는지'를 짐작할 수는 있다. 각 입자의 하단부에는 질량이 Mev(Mega-electronvolt) 단위로 표시되어 있다

($1\ Mev = 1.782 \times 10^{-27}g$) 이런 이상한 단위를 사용하는 데에는 약간의 역사적 이유가 숨겨져 있는데, 지금은 바쁘니까 그냥 넘어가기로 한다. 이 표에서는 질량이 큰 입자일수록 위쪽에 위치한다. 보는 바와 같이, 양성자(p)와 중성자(n)는 질량이 거의 같다. 세로줄 방향으로 같은 위치에 있는 입자들은 전하량이 모두 같은데, 가운데 줄에 있는 중성입자를 기준으로 하여 오른쪽에는 양전하, 왼쪽에는 음전하를 갖는 입자들이 나열되어 있다.

또한, 실선이 그어진 것은 입자이며, 점선은 공명(resonance)을 뜻한다. 질량과 전하가 모두 0인 광자와 중력자는 이 표에 포함시키지 않았다. 이들은 중입자(baryon)–중간자(meson)–경입자(lepton)식 분류법에서 어디에도 해당되지 않기 때문이다. 새로 발견된 공명입자인 K*와 φ, η 도 이런 이유로 제외되었다. 중간자의 반입자들은 표에 포함되어 있지만, 경입자와 중입자의 반입자들은 제외시켰다. 이들을 표현하려면 좌–우가 바뀐 도표를 새로 그려야 한다(전하가 반대부호이므로). 전자와 광자, 중성자, 중력자, 양성자를 제외한 모든 입자들은 불안정하지만, 붕괴된 후의 생성물은 공명입자에 한해서 표시하였다. 그리고 경입자들은 핵자(양성자와 중성자)와 상호작용을 하지 않으므로 기묘도를 갖지 않는다.

중성자와 양성자를 포함하는 입자 그룹을 통칭하여 중입자(baryon)라 하며, 여기에는 질량이 1154 Mev인 람다 입자(Λ)와 시그마 입자(Σ^0, Σ^+, Σ^-)등이 있다. 질량이 거의 같은(1~2% 이내의 차이) 입자들의 집합을 '멀티플렛(multiplet)' 이라고 하는데, 하나의 멀티플렛에 속

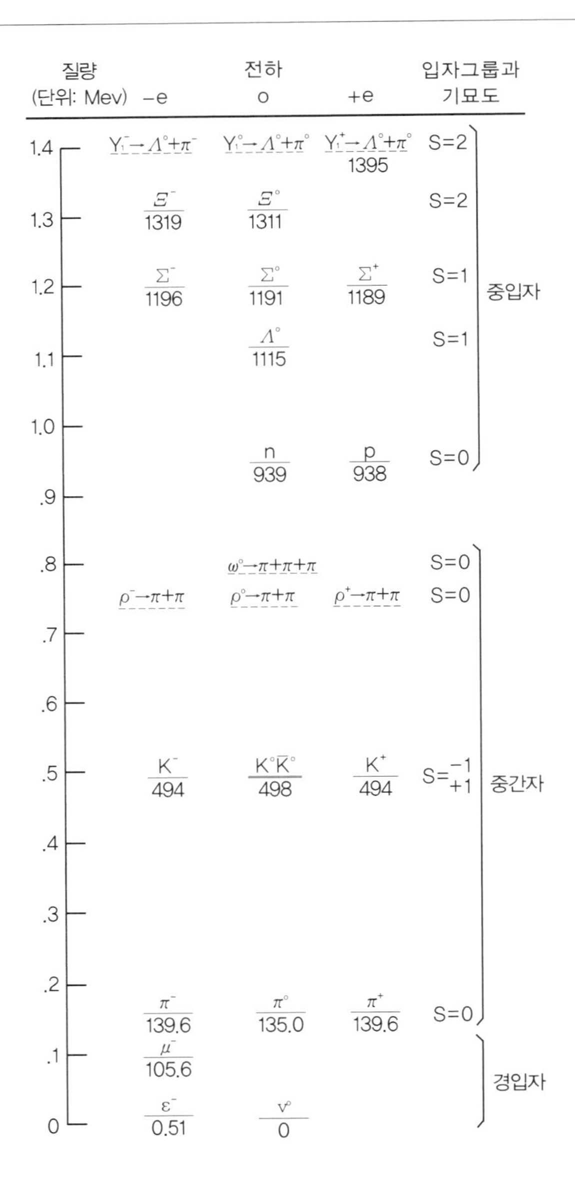

표 2-2. 소립자(Elementary Particles)

해 있는 입자들은 기묘도가 같다(세 개는 트리플렛(triplet), 두 개인 경우는 더블렛(doublet), 하나뿐이면 싱글렛(singlet)이라고 한다). 양성자와 중성자는 더블렛을 이루며, 람다 입자는 싱글렛, 그리고 시그마 입자는 트리플렛을 이룬다. 그 위에는 크사이(Ξ) 더블렛이 있다. 최근(1961년)에 발견된 입자도 있다. 그런데 이들이 과연 입자인지가 좀 애매하다. 이 입자는 수명이 너무나 짧아서 생성되자마자 곧바로 사라져 버리기 때문에, 다른 것들과 같은 입자인지, 아니면 Λ와 π 사이의 어떤 에너지 값에서 공명 상호작용에 의해 나타나는 현상인지 알기가 어렵다.

중입자 이외에 핵력과 관계된 입자들이 있는데, 이들은 통칭 중간자(meson)라 불린다. 여기에는 +, 0, −의 전하를 갖는 3종류의 파이온(즉, 파이온 트리플렛)이 있으며, 더블렛을 이루는 K−중간자(K^+, K^0)도 이 그룹에 속한다. 모든 입자는 자신의 파트너, 즉 반입자를 갖고 있는데(자기 스스로 자신의 파트너가 되는 입자는 제외), 예를 들어 π^-의 반입자는 π^+이고 π^0는 자기 스스로가 반입자이다. K^+와 K^-, K^0와 $\overline{K}^0$도 서로 반입자의 관계이다. 1961년도에 몇 종류의 중간자가 추가로 발견되었는데, 사실 이들은 태어나자마자 사라지기 때문에 중간자로 단정짓기는 좀 곤란하다. '중간자 후보생' 이라고나 할까? 이밖에, 오메가(ω)입자는 질량이 780Mev로서, 세 개의 파이온(π)으로 붕괴되며, 로(ρ)입자는 두 개의 파이온으로 붕괴되는데, 이들 역시 수명이 짧기 때문에 확실하게 단정짓기는 어렵다. 중간자와 중입자, 그리고 중간자의 반입자들은 하나의 표 안에 모두 표현될 수 있지만, 중입자자의 반입자들까지 표현하려면 좌-우가 바뀐 새로운 도표를 따로 그려야 한다.

몇 개의 희토류(rare-earth) 원소들의 위치가 적절치 않다는 것만 눈감아 준다면, 멘델레예프의 주기율표는 매우 훌륭한 원소 분류법을 보여주고 있다. 이와 마찬가지로, 우리의 입자 분류법도 아직까지는 대충 쓸만한 것 같다. 여기에 또 한 그룹의 입자들을 추가한다면 말이다. 핵자들과 강한 상호작용을 하지 않으며 핵력과 아무런 상관이 없는 입자들, 우리는 이들을 '경입자(lepton)'라 부른다. 대표적인 경입자로는 전자를 들 수 있는데, 질량이 0.510Mev이다. 쉽게 말해서, 엄청나게 가볍다. 뮤온의 1/206밖에 되지 않는다. 그런데 실험적으로 밝혀진 사실에 의하면 전자와 뮤온의 차이점은 질량뿐이다. 다른 성질들은 완전히 똑같다. 왜 그럴까? 목소리와 생김새는 똑같고 몸무게만 서로 다른 두 사람의 배우를 같은 무대에 세울 필요가 있었을까? 그 이유를 아는 사람은 아무도 없다. 전하가 없는 경입자로는 뉴트리노(neutrino)가 있는데, 이 입자는 전하뿐만 아니라 질량도 없다. 지금까지 두 종류의 뉴트리노가 발견되었으며, 이중 하나는 전자와 관계되어 있고 다른 하나는 뮤온과 친한 사이이다.

마지막으로 핵력과 상관없는 입자 두 개가 있다. 바로 광자(photon)와 중력자(graviton)이다. 광자는 전자기장을 매개하는 입자로서 흔히 '빛을 구성하는 입자'로 알려져 있으며, 중력자는 "중력의 구조가 양자역학적으로 전자기력과 비슷하다"는 가정하에 중력을 매개하는 입자로 추대된 상상 속의 입자이다(중력의 양자역학적 버전은 아직 완성되지 못했다). 중력자도 뉴트리노처럼 질량을 갖지 않는다.

여기서 잠깐! 여러분은 조금 혼란스러울 것이다. 질량이 0이라니, 그게 대체 무슨 말인가? 질량이 없으면 존재 자체가 없다는 뜻인데, 거기에 왜 이름까지 붙여가며 헛고생을 하고 있는가? 여기서 질량이 0이라 함은, 입자가 아무런 운동도 하고 있지 않은 상태, 즉 '정지질량(rest mass)' 이 0이라는 뜻이다. 따라서 정지질량이 0인 입자들은 단 한순간도 멈춰 있을 수가 없다. 광자는 우주가 탄생한 후로 지금까지 한시도 쉬지 않고 초당 300,000km의 속도로 달리고 있다. 나중에 상대성이론을 배우게 되면 질량의 의미를 더욱 정확하게 이해할 수 있을 것이다.

모든 만물의 기본을 이루는 입자들의 목록은 이 정도이다. 다행히도 이들이 상호작용하는 패턴은 입자들마다 제 각각이 아니라 몇 개의 패턴으로 요약될 수 있다. 실제로, 자연계에 존재하는 상호작용은 핵력, 전자기력, 베타붕괴 상호작용(약력), 그리고 중력뿐이다(힘의 크기가 큰 순서로 나열하였다). 광자는 전하를 띤 모든 입자들과 결합되어 있는데, 이 상호작용의 세기는 1/137이라는 숫자 속에 함축되어 있다. 이 결합에 관한 모든 사항을 설명해주는 이론이 바로 양자전기역학(QED)이다. 중력은 모든 에너지와 결합되어 있으나, 전기력과 비교할 때 너무나도 약한 힘이다. 이 법칙도 이미 잘 알려져 있다(양자역학적 버전을 제외하고). 그 다음으로 베타붕괴 상호작용, 즉 약력이라는 것이 있는데, 이 힘에 의해 중성자는 양성자 + 전자 + 뉴트리노로 서서히 분해된다. 약력에 관한 이론은 부분적으로 밝혀진 상태이다(1979

년에 약력은 전자기력과 멋지게 통합되었다: 옮긴이). 마지막으로 핵력은 가장 강한 힘으로서 강력 또는 강한 상호작용이라고도 하며, '중입자 수(baryon number) 보존법칙' 과 같은 일부 법칙들이 알려져 있긴 하지만, 전체적인 상황은 한마디로 오리무중이다.

그러므로 오늘날의 물리학이 처한 상황은 정말 끔찍하다. 여러분의 이해를 돕기 위해 간단히 정리해보면 대충 다음과 같다. 핵의 바깥 영역에서 벌어지는 일은 모두 알고 있는 것 같다. 그리고 핵의 내부에는 양자역학이 적용된다. 양자역학은 지금까지 단 한 번도 실패한 적이 없다. 지금 물리학의 무대는 시공간(space-time)이다. 아마 중력도 이 안에 포함될 것이다. 우리는 우주 탄생의 비밀을 알 수 없고, 우리가 갖고 있는 시공간의 개념을 극미의 영역에서 검증해본 적도 없다. 어떤 특정 규모 이상에서만 우리의 아이디어가 통한다는 것을 알고 있을

표 2-3. 상호작용(Elementary Interactions)

결 합	세 기*	법 칙
광자와 하전입자	$\sim 10^{-2}$	알려져 있음
중력과 에너지	$\sim 10^{-40}$	알려져 있음
약 붕괴(베타붕괴)	$\sim 10^{-5}$	일부만 알려져 있음
중간자와 중입자	~ 1	밝혀지지 않았음 (일부 법칙만 알려짐)

* *힘의 '세기' 는 각 상호작용에 관계된 결합상수 값이며 단위는 없다. ~는 대략적인 값이라는 의미이다).*

뿐이다. 우리가 지금 벌이고 있는 게임의 규칙은 양자역학적 원리이며, 이 원리는 기존의 입자들뿐만 아니라 새로 발견되는 입자에도 적용되어야 한다. 핵력의 정체를 추적하던 중에 새로운 입자들이 발견되긴 했지만, 그 종류가 너무 많아서 미로에 빠지고 말았다. 우리는 지금 원자 규모 이하의 미시세계를 탐구하고 있으나, 우리의 현재 위치가 어디쯤이며 앞으로 얼마나 더 가야 하는지 전혀 모르는 상태이다.

1961년 11월 7일, 강의하고 있는 리처드 파인만

제 3 강
물리학과 다른 과학과의 관계

강의를 시작하며

물리학은 모든 과학 분야 중에서 가장 기본적인 분야이며, 과학의 발전에 가장 지대한 영향을 끼치는 학문이다. 사실, 오늘날의 물리학은 현대 과학의 산파역할을 했던 자연철학과 거의 동등한 역할을 하고 있다. 여러 다른 분야를 전공하는 학생들도 의무적으로 물리학 강의를 듣게 되어 있는데, 이는 물리학이 자연현상을 설명하는데 필수적으로 요구되는 기초학문이기 때문이다(자연과학이 철저하게 외면당하고 있는 우리나라의 현실에서 더욱 가슴에 와 닿는 말이다: 옮긴이). 이 장에서 우리는 다른 과학 분야가 안고 있는 근본적인 문제들을 살펴볼 것이다. 물론 그 복잡 미묘한 사항들을 이렇게 한정된 지면에서 모두 다룰 수는 없다. 물리학이 모든 과학 분야와 밀접하게 연결되어 있는 것은 분명한 사실이지만, 공학과 산업, 사회, 전쟁 등과의 관계에 대해서는 사정상 생략해야 할 것 같다. 또한, 물리학과 가장 인연이 깊은 수학에 대해서도 깊은 이야기를 할 시간이 없다(수학은 지금 우리의 관점에서 볼 때 자연을 탐구하는 학문이 아니므로 '자연과학'이라 부를 수 없다. 수학의 진위여부는 실험으로 검증되지 않는다). 이왕 말이 나온 김에 한 가지 분명하게 해둘 것이 있다. 사람들은 흔히 '과학적이 아닌' 것에 대하여 불신하는 경향이 있는데, 그것은 전적으로 잘못된 생각이다. 과학이 아니면서도 우리에게 좋은 것은 얼마든지 있다. 사랑이 과학이라고 말할 수 있겠는가? 무언가가 과학의 범주에 들지 않는다고 해서, 그것이 잘못되었다는 뜻은 결코 아니다. 그것은 단지 과학이 아닌 '다른 무엇' 일 뿐이다.

화학

물리학으로부터 가장 깊은 영향을 받은 과학은 아마도 화학(chemistry)일 것이다. 역사적으로 볼 때 초기의 화학은 생명과 직접적인 관계가 없는 무기화학만을 주로 다루었다. 화학자들은 수많은 원소들을 찾아내고 그들 사이의 관계를 규명하기 위해 엄청난 노력을 했으며, 그 결과로 다양한 원소들이 화합물을 이루어 바위나 지구와 같은 물질이 만들어진다는 사실을 알아낼 수 있었다. 이 초기 화학은 물리학에서도 매우 중요하게 취급되었다. 화학의 원자이론은 실험적으로 거의 완벽하게 규명되어 있었으므로, 화학과 물리학은 운명적으로 각별한 사이가 될 수밖에 없었다. 화학의 반응이론은 멘델레예프의 주기율표 속에 훌륭하게 함축되어 있으며, 이로부터 원자들 사이의 신기한 상호관계가 차츰 알려지게 되었는데, 이 모든 것은 훗날 무기화학 법칙의 토대가 되었다. 그런데 무기화학의 법칙들은 궁극적으로 양자역학을 통해 설명될 수 있기 때문에 사실 이론화학은 물리학과 다를 것이 없다. 물론 여기서 말하는 '설명'이란 원리적인 설명을 뜻한다. 앞에서 언급한 대로, 체스게임의 규칙을 잘 안다고 해서 프로기사가 될 수는 없다. 거기에는 수많은 실전 경험이 반드시 필요하다. 임의의 화학반응에서 구체적으로 어떤 일이 일어날 것인지를 미리 예측하기란 매우 어려운 일이다. 하지만 누가 뭐라해도 이론화학의 핵심이 양자역학이라는 데에는 반론의 여지가 없다.

물리학과 화학이 합작하여 새롭게 태어난 분야도 있다. 이것은 역학법칙이 성립한다는 전제하에 모든 결론을 통계적으로 유도하는 매우 중요한 과학인데, 흔히들 '통계역학(statistical mechanics)'이라고 부른다. 화학적 대상을 연구할 때에는 제멋대로 움직이고 있는 엄청난 수의 입자들을 고려해야 하는 경우가 흔히 있는데, 이 모든 입자들의 운동을 일일이 분석할 수 있다면 기존의 화학이나 물리학만으로 결론을 유도해낼 수 있겠지만, 사실 이것은 가장 빠른 컴퓨터를 동원한다해도 엄청난 시간이 소요될 뿐만 아니라 우리 인간의 머리로는 그 복잡한 상황을 머릿속에 그릴 수도 없다. 이런 경우에는 연구하는 방법 자체를 바꾸어야 한다. 통계역학은 열과 관련된 현상, 즉 열역학(thermodynamics)을 다루는 과학이다. 오늘날의 무기화학은 물리화학과 양자화학으로 모든 것이 설명된다. 물리화학은 반응이 일어나는 비율과 반응의 구체적 과정(분자들 간의 충돌이나 물질의 분해 등)을 연구하는 과학이며, 양자화학은 화학적 현상들을 물리학의 법칙으로 이해하기 위해 탄생한 분야이다.

다른 화학 분야로는 생명현상과 관계된 물질을 대상으로 하는 유기화학(organic chemistry)을 들 수 있다. 생명현상과 관계된 물질들은 그 구조가 너무나 복잡하고 경이롭기 때문에 한동안 화학자들은 무기물로부터 유기물을 만들어 낼 수 없다고 믿어왔다. 물론 이것은 틀린 생각이다. 유기물은 원자의 배열 상태가 복잡하다는 것 말고는 무기물과 조금도 다를 것이 없다. 유기화학은 연구대상을 제공해주는 생물학(biology)과 필연적으로 밀접한 관계일 수밖에 없으며, 산업과도 깊게 관련되어 있다. 그리고 물리화학과 양자역학은 무기물과 유기물에 모두 적용될 수 있다. 그러나 유기화학의 주된 관심사는 어디까지나 생명을 이루는 물질을 분석하고 합성하는 것이다. 이 모든 분야들은 은연중에 보조를 맞추면서 생화학, 생물학, 분자생물학 등으로 연결된다.

생물학

이렇게 해서 우리는 생명 자체를 연구하는 생물학에 이르게 된다. 초기의 생물학자들은 생명체의 종류를 나열하고 분류하는 것이 주된 업무였기 때문에 벼룩의 다리에 난 털의 개수까지도 일일이 세어야 했다. 그들은 이 번거로운 듯한 작업을 훌륭하게 완수한 후에 드디어 생체의 내부구조에 관심을 갖기 시작했다. 그러나 초기에는 갖고 있는 정보의 양이 절대적으로 부족했기 때문에 두루뭉술한 일반적 특성밖에는 알 수가 없었다.

물리학과 생물학 사이에도 매우 유서 깊은 인연이 있다. 물리학의 기본법칙 중 하나인 에너지 보존법칙이 생물학 분야에서 먼저 발견된 것이다. 이것은 마이어(J. R. Mayer, 1814~1878)라는 의사가 처음으로 입증하였는데, 그는 생명체가 흡수하는 열량과 방출하는 열량 사이의 관계를 추적하다가 이 놀라운 사실을 알아냈다고 한다.

살아 있는 동물들이 겪는 생물학적 과정을 좀 더 자세히 관찰해보면 거기에는 많은 물리적 현상들이 숨어 있는 것을 알 수 있다. 피의 순환과 심장의 펌프질, 압력 등이 그 대표적인 사례이다. 물론 신경구조도 빼놓을 수 없다. 날카로운 돌을 밟았을 때 통증을 느끼는 이유는 발바닥에 전달된 신호가 신경계통을 거쳐 통증을 감지하는 대뇌에 전달되기 때문이다. 이 과정은 정말로 흥미롭다. 생물학자들은 연구를 거듭한 끝에 신경이라는 것이 매우 얇고 복잡한 외벽을 가진 미세한 관(tube)이라는 결론에 도달했다. 이 벽을 통해서 이온이 교환되어 세포의 내부는 음이온, 외부는 양이온으로 차게 되는데, 이는 전기회로의 소자로 사용되는 축전기(capacitor)와 구조가 거의 비슷하다. 세포막(membrane)도 매우 흥미로운 성질을 갖고 있다. 막의 특정 위치에서 방전이 일어나면(즉, 일부 이온들이 다른 위치로 이동하여 그 지점에서의 전위차가 감소하면), 그 전기적 영향이 근방에 있는 이온들에게 전달되어 순차적인 이동이 일어나는 것이다. 그래서 우리가 뾰족한 돌을 밟았을 때 발바닥의 신경들은 전기적으로 들뜬(excited)상태가 되고, 이 상태가 이웃의 신경세포들에게 도미노처럼 전달되어 통증을 느끼게 된다. 물론 쓰러진 도미노가 다시 세워지지 않으면 더 이상의 신호를 보낼 수 없다. 따라서 우리의 신경세포는 이온을 외부로 서서히 방출하면서 그 다음의 신호에 대비하고 있다. 우리는 바로 이러한 과정을 통해 '내가 지금 무슨 일을 하고 있는지', 아니면 적어도 '어디에 서 있는지'를 알게 되는 것이다. 신경세포와 관련된 전기적 현상은 실험장치를 통해 감지될 수 있으며, 이 과정 속에는 전기적 현상이 분명히 존재하기 때문에 신경계를 통해 자극이 전달되는 원리는 물리학적으로 이해될 수 있다. 다시 말해서, 물리학은 생물학에도 지대한 영향을 미친 셈이다.

이와는 반대로, 뇌의 특정부위에서 내려진 명령이 말단 신경조직으로 전달되는 과정도 있다. 이런 경우에 신경계의 최말단에서는 어떤 현상이 나타날 것인가? 이곳에서 신경망은 아주 미세한 가지로 분리되어 '종판(endplate)'이라 불리는 근육 근처의 미세 구조와 연결된다. 아직 정확하게 밝혀지진 않았지만, 두뇌로부터 하달된 신호가 신경계의 최말단에 도달하면 아세틸콜린(acetylcholine)이라는 화학물질이 다발로 튀어나와서(초당 분자 5~10개 정도) 근육 섬유에 모종의 영향을 주어 수축이 일어난다. 말로 옮겨놓고 보면 이렇게 간단명료하다! 그렇다면 근육을 수축시키는 요인은 무엇일까? 근육은 치밀하게 묶여져 있는 섬유조직의 집합체로서 마이오신(myosin)과 액토마이오신(actomyosin)이라는 두 종류의 화학물질을 함유하고 있는데, 아세틸콜린에 의해 야기된 화학반응으로부터 분자의 부피가 변하는 과정은 아직 밝혀지지 않고 있다. 다시 말해서, 역학적 운동을 일으키는 근육의 변형과정은 아직 미지로 남아 있다는 뜻이다.

생물학은 엄청나게 광범위한 분야이므로, 거기에는 수많은 문제들이 도처에 산재해 있다. 이들 중 어떤 문제는 그 복잡한 정도가 우리의 상상을 초월하여 말로 표현조차 할 수 없을 정도이다. 사물을 바라보는 우리의 눈과 소리를 감지하는 귀의 세부구조 역시 복잡하기 짝이 없다(우리의 '생각'이 발생하고 진행되는 원리에 관해서는 후에 심리학을 논할 때 자세히 언급할 것이다). 내가 지금 말하고 있는 것들은 사실 생물학자의 입장에서 볼 때 근본적인 문제는 아니다. 이런 세세한 과정 속에 숨어 있는 원리들을 모두 알아낸다 해도, 생명 자체에 관한 문제들은 여전히 미지로 남을 것이기 때문이다. 한 가지 예를 들어보자. 신경계통을 연구하는 학자는 자신의 일이 매우 중요하다고 생각한다. 신경계를 갖지 않은 동물은 이 세상에 존재하지 않기 때문이다. 그러나 신경계통이 없어도 '생명'은 존재할 수 있다. 식물은 신경이나 근육 없이 지금도 잘 살아가고 있다. 그러므로 우리는 생물학의 근본적인 문제가 무엇인지 신중하게 생각해야 한다. 조금 더 깊이 생각해보면 살아 있는 모든 생명체들은 무수히 많은 공통점을 갖고 있음을 알 수 있다. 가장 보편적인 공통점은 생명체들이 한결같이 세포로 이루어져 있다는 사실이다. 각 세포의 내부에서는 매우 복잡하고 정교한 '화학공장'이 가동되고 있다. 예를 들어, 식물세포의 경우에는 낮에 햇빛을 받아 수크로오스(sucrose)를 생성하는데, 바로 이 수크로오스 덕분에 밤에도 생명활동을 계속 할 수 있다. 그리고 동물이 식물을 먹으면 동물의 뱃속에서는 광합성과 비슷한 일련의 화학반응들이 일어나게 된다.

생명체의 세포 속에서는 정교한 화학반응이 끊임없이 일어나면서, 하나의 화합물이 다른 여러 종의 화합물로 변해가고 있다. 그동안 생화학자들이 얼마나 고생했는지를 알고 싶다면 그림 3-1을 눈여겨보기 바란다. 이 그림은 세포 속에서 진행되고 있는 반응들 중 1%도 안

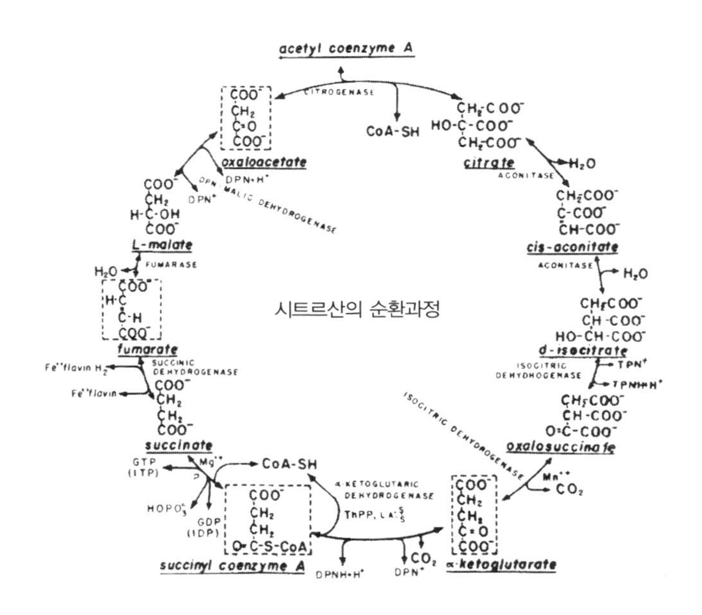

그림 3-1. 크렙스 순환도 (Krebs cycle)

되는 내용을 추려서 요약한 것이다.

이 순환도 속에는 각 과정을 거치면서 변해가는 분자의 변천과정이 단계별로 정리되어 있다. 언뜻 보기에는 눈이 돌아갈 정도로 복잡하지만 사실 이것은 우리가 늘 경험하고 있는 호흡의 과정, 이른바 크렙스 사이클(Krebs cycle)이다. 분자 구조의 변천과정을 각 단계별로 분리해서 보면 그다지 격렬한 변화 같지는 않다. 그러나 이것은 생화학 역사상 가장 위대한 발견이며, 실험실에서 인공적으로 이 사이클을 재현시킬 방법은 없다. 서로 비슷한 구조를 가진 두 종류의 물질이 있을 때, 한 물질이 다른 물질로 변하는 데에는 그에 합당한 대가가 치러져야 한다. 서로 다른 두 형태 사이에는 에너지의 '언덕'이 가로막고 있기 때문이다. 비유를 들어 설명하자면 다음과 같다. 산골짜기에 바위가 하나 놓여 있는데, 이 바위를 봉우리 건너편의 다른 골짜기로 옮기려면 터널을 뚫지 않는 한 일단은 산꼭대기까지 끌고 올라가야 한다. 즉 어떤 형태로든 에너지가 투입되어야만 하는 것이다. 대부분의 화학반응이 저절로 일어나지 않는 것은 바로 이런 이유 때문이다. 화학자들은 이때 투입되는 에너지를 '활성화 에너지'라고 부른다. 주어진 화학물질에 원자를 추가로 붙이려면 새로운 원자를 아주 가깝게 가져가서 원자의 배치상태가 달라지도록 만들어야 한다. 그런데 이때 투입된 에너지의 양이 부족했다면, 마치 산꼭대기로 끌고 올라가던 바위가 도중에 굴러 떨어지는 것처럼 우리가 원하는 화학반응은 일어나지 않을 것이다. 원자들 사이의 간격이 충분히 가까워지지 못했기 때문이다. 그러나 만일 분자를 손으로 잡아서 강제로 틈을 벌린 후에 새로운 원자를 끼워 넣을 수 있다면, 이것은 산허리를 돌아가는 지름길로 반응을 유도한 셈이며, 따라서 많은 양의 에너지를 투여하지 않고서도 원하는 화학반응을 일으킬 수 있다. 그런데 놀랍게도, 세포 속에서는 이런 일이 실제로 일어나고 있다. 엄청나게 많은 분자로 이루어진 물질들이 아주 교묘한 방법으로 작은 분자들을 붙들고 있으면서 위에서 서술한 식으로 반응이 쉽게 일어나도록 유도하고 있는 것이다. 이 복잡한 물질이란, 다름 아닌 효소(enzymes)이다(효소는 설탕이 발효되는 과정에서 처음 발견되었기 때문에, 당시에는 효모(ferments)라는 이름으로 불렸다. 실제로 그림 3-1의 첫 반응 과정 중 일부는 설탕의 발효과정을 연구하면서 밝혀진 것이다). 효소가 있는 한, 이런 반응은 항상 일어난다.

효소는 단백질(protein)로 이루어져 있다. 이들은 덩치가 매우 크고 복잡한 구조를 갖고 있으며, 개개의 효소들은 특정 반응을 제어하는 고유의 임무를 수행하고 있다(그림 3-1에는 각 반응단계마다 효소의 이름이 명시되어 있다. 경우에 따라서는 하나의 효소가 두 가지 임무를 수행하기도 한다). 그러나 효소는 반응에 직접 참여하지는 않는다. 효소의 성분은 언제나 불변이다. 이들의 역할이란, 주어진 원자를 다른 곳으로 이동시키는 것뿐이다. 마치 공장의 기계처럼 계속해서 원자나 분자를 운반하는 것이 효소의 임무이다. 물론 이를 위해서는 원자가 계속해서 공급되어야 하고, 운반된 원자를 적절하게 배치하는데 필요한 모종의 원칙이 있어야 한다. 수소원자를 예로 들어보자. 수소원자가 이동하는 모든 화학반응에는 그 일을 떠맡은 효소가 반응에 관계되어 있다. 그림 3-1에는 3~4개의 수소원자를 환원시키는 효소들이 사이클 전체에 걸쳐 활동하고 있는데, 한 장소에서 수소원자를 풀어주는 장치가 다른 곳에서는 그 수소원자를 다시 잡아들이는 장치로 사용되기도 한다.

그림 3-1에서 가장 눈여겨 볼 지점은 GDP(guanadine-di-phosphate)가 GTP(guanadine-tri-phosphate)로 변하는 과정이다. 이 두 가지는 에너지 상태가 다르기 때문에 변화가 공짜로 일어나는 일은 결코 없다. 효소 안에 수소원자를 실어 나르는 일종의 '상자' 같은 것이 존재하는 것처럼, 어떤 효소 안에는 에너지를 운반하는 삼인산기(triphosphate) 무리가 있다. 물 속에 근육섬유의 일부를 담가놓고 거기에 GTP를 첨가한다면 GTP가 GDP로 바뀌면서 근육이 수축할 것이다. 정말 그럴까? 정말 그렇다. 단, 반응에 필요한 적절한 효소들도 첨가되어야 한다. 그러므로 사이클의 핵심은 GDP-GTP 변환에 있는 셈이다. 밤이 되면 낮 동안 비축된 GTP를 사용하여 전체 사이클이 반대 방향으로 진행된다. 그리고 효소는 사이클의 진행방향에 상관없이 자신의 임무를 수행한다. 만일 그렇지 않다면 물리학의 법칙에 위배되기 때문이다.

물리학이 생물학을 비롯한 여타 과학 분야에서 중요하게 취급되는 이유는 이것 말고도 얼마든지 있는데, 그 대표적인 예가 바로 '실험기술'이다. 사실 실험 물리학 분야의 발전이 없었다면 그림 3-1과 같은 생화학적 사이클들은 세상에 알려지지 못했을 것이다. 이렇게 눈이 돌아갈 정도로 복잡한 반응 과정을 분석할 때, 가장 효율적인 방법은 반응에 관여하는 원자들마다 일종의 '꼬리표' 를 달아두는 것이다. 예를 들어 어떤 탄소 원자에 '녹색 꼬리표' 를 달아 줄 수만 있다면, 향후 그녀석의 위치를 추적하여 반응의 전모를 훨씬 쉽게 알아낼 수 있다. 그렇다면 '녹색 꼬리표' 란 무엇인가? 그것은 바로 '동위원소(isotope)' 이다. 원자의 화학적 성질을 결정하는 것은 핵의 질량이 아니라 전자의 개수다. 그런데 자연에는 6개의 양성자와 6개의 중성자로 이루어진 핵이 있고, 이와 동시에 6개의 양성자와 7개의 중성자로 이루어진 핵도 있다. 우리는 이 두 가지를 모두 '탄소(C)의 핵' 이라고 부른다(양성자의 개수는 전자의 개수와 일치하므로, 양성자의 수가 같은 원자들은 같은 이름으로 불린다. 원소의 이름이 달라지려면 양성자의 수가 달라져야 한다: 옮긴이). 화학적인 관점에서 볼 때, C^{12}와 C^{13}원자는 성질이 동일하지만 핵의 세부 구조와 질량이 다르기 때문에 실험실에서 구별될 수 있다. 그러므로 우리는 C^{13}(또는 C^{14})이라는 동위원소를 첨가하여 이들의 자취를 추적할 수 있는 것이다.

다시 효소와 단백질에 관한 이야기로 돌아가자. 단백질이라고 해서 모두 효소는 아니지만, 모든 효소는 무조건 단백질이다. 단백질은 종류도 다양하여 근육이나 연골, 머리카락, 피부 등에 산재되어 있는데, 물론 이들은 효소가 아니다. 그러나 단백질이야말로 생물과 무생물을 구분하는 커다란 기준이다. 단백질이 없는 생명체는 존재하지 않기 때문이다. 단백질은 효소를 이루기도 하고, 생명체의 몸을 이루는 데도 필수적이다. 이들은 매우 단순하고도 흥미로운 구조를 갖고 있는데, 보통 여러 종의 아미노산들이 사슬처럼 엮인 형태를 띠고 있다. 아미노산은 20여 종이 있으며, 이들이 그물처럼 엮여서 CO-NH를 기본 골격으로 하는 사슬구조를 형성한다. 즉, 단백질이란 20여 종의 아미노산들이 복잡하게 얽혀 있는 형태인 것이다. 물론 각각의 아미노산들은 고유의 임무를 수행하고 있다. 예를 들어, 어떤 아미노산은 황(S)원자를 갖고 있는데, 같은 단백질 내에 두 개의 황원자가 있으면 이들은 서로 결합하려는 성질이 있기 때문에 결국 두 개의 아미노산은 사슬처럼 연결된다. 또 다른 아미노산은 여분의 산소원자를 갖고 있으며, 이런 여분의 원자들이 아미노산의 특성을 결정한다. 프롤린(proline)이라 불리는 아미노산도 있는데, 사실 이것은 엄밀히 말해서 아미노산이 아니라 이미노산(imino acid)이다. 이 프롤린이 사슬구조 속에 엮여 있으면 꼬인 구조를 갖는 독특한 단백질이 형성된다. 만일 우리가 특정 단백질을 인공적으로 만들고자 한다면 이러한 원리에 입각해서 순서를 밟아 나가야 한다. 이쪽에 황-고리를 붙이고 저쪽에는 다른 아미노산을 붙이고, 또 한쪽에는 꼬여 있는 프롤린을 붙이고…… 이런 식으로 붙여 나가다 보면 결국에는 엄청나게 복잡한 구조의 단백질이 얻어질 것이다. 아마도 모든 종류의 효소들은 이런 과정을 거쳐 만들어질 것이다.

최근 들어(1960년대 초반) 이 분야에서 이룬 가장 커다란 업적은 56~60개의 아미노산으로 이루어진 엄청난 단백질의 원자 배열 상태를 알아낸 것이다. 단 두 개의 아미노산이 결합한다 해도, 거기에는 1,000개 이상(수소원자까지 포함시킨다면 2,000개 이상)의 원자들이 복잡하게 배열되어 있다. 학자들이 맨 처음 발견한 단백질은 헤모글

로빈(hemoglobin)이었는데, 애석하게도 원자의 배열상태로부터 추가로 알아낸 정보가 하나도 없었다. 따라서 우리는 헤모글로빈이 '왜' 그런 구조를 가져야만 했는지 알 도리가 없는 것이다. 물론 이것은 학자들이 앞으로 밝혀내야 할 과제 중에 하나이다.

그 다음 문제 — 효소는 자신이 관여한 반응의 진행과정을 어떻게 알 수 있는가? 여러분도 알다시피 붉은 눈을 가진 파리는 역시 붉은 눈을 가진 파리를 낳는다. 다시 말해서, 붉은 색소를 만드는 효소의 전체적인 패턴이 어떤 식으로든 정보화되어 다음 세대로 전달되는 것이다. 이것은 단백질이 아니라 세포의 핵 속에 있는 DNA(deoxyribose nucleic acid)가 하는 일이며, 이 DNA야 말로 하나의 세포로부터 다른 세포로 전달되는 핵심 물질이다(정자세포의 대부분은 DNA로 이루어져 있다). 또한 DNA 속에는 효소의 생성에 관한 정보도 들어 있다. 한마디로, DNA는 생명체의 '청사진' 인 셈이다. 그렇다면 이 청사진은 어떻게 생겼으며 어떤 원리로 작동하는가? 무엇보다도 먼저, 청사진은 자기 자신을 똑같이 복제할 수 있어야 하며, 덤으로 단백질 생성에 관한 지침을 하달해 주어야 한다. 그런데 복제라는 말을 들으면 우리는 흔히 둘로 갈라지는 세포분열을 떠올린다. 세포는 단순히 몸집을 키운 후에 둘로 갈라진다. 그렇다면 DNA를 이루는 분자들도 자신의 몸집을 키운 후에 둘로 갈라지는 것일까? 아니다. 그건 불가능하다. 원자는 자라지 않으며 둘로 쪼개지는 일도 없다. 따라서 분자를 복제하려면 단순 이분법보다 더욱 고차원적인 방법이 동원되어야 한다.

DNA의 구조는 오랜 세월 동안 연구의 대상이었다. 처음에 밝혀진 것은 화학적 구성성분이었으며, 그 후에 X-선 실험을 통해 공간상의 구조가 밝혀지게 되었는데, 이것은 인류의 과학 역사상 실로 위대한 발견이었다. 너무나도 유명한 DNA의 구조 — 분자들로 이루어진 두 가닥의 가느다란 선이 서로 상대를 휘감고 있는 이중 나선 구조가 바로 그것이다. 두 개의 선은 단백질 사슬과 비슷하지만 화학적 성질은 전혀 다르다(구체적인 형태는 그림 3-2를 참조할 것). 우리는 이러한 구조적 성질로부터 DNA에 의해 정보가 전달되는 과정을 이해할 수 있다. DNA의 나선 구조를 분리시키면 BADDC…와 같은 배열이 얻어지는데, 모든 생명체들은 각자 고유의 배열을 갖고 있다. 따라서 단백질 제조에 관한 구체적인 정보는 이 특정한 배열 속에 들어 있을 가능성이 높다.

DNA의 한쪽 줄에 붙어 있는 당(糖: sugar)은 다른 한 줄과 결합하는 실마리를 제공한다. 그런데 이 당들은 모두 같은 것이 아니라 아데닌(adenine), 티민(thymine), 시토신(cytosine), 구아닌(guanine)의 4종류로 구별된다. 여기서는 편의상 이들을 A, B, C, D라 부르기로 하자. 재미있는 것은, 이들 중 어떤 특정한 짝들만이 서로 마주 볼 수 있다는 점이다. 예를 들자면 A는 B와, C는 D와 마주 봐야 하는 규칙이 있다는 뜻이다. 이 짝들은 각각의 줄을 따라 한 치의 오차도 없이 배열되어 두 개의 줄을 단단하게 결합시킨다. 여기에 A와 C가 마주보거나 B와 D가 마주보는 경우는 결코 없다. 그러므로 한쪽 줄에 C가 달려 있다면, 나머지 줄의 같은 자리에는 반드시 D가 위치해야만 한다. 하나의 줄(사슬)에 A, B, C, D가 어떻게 배열되어 있건 간에, 나머지 줄에는 A-

B, C-D의 규칙에 맞게 4종류의 염기들이 배열되어 있는 것이다.

그렇다면 복제는 어떻게 이루어지는가? DNA를 두 가닥의 줄로 분리했다고 가정해보자. 이렇게 혼자가 된 두 개의 줄에게 새로운 짝을 만들어 주려면 무엇을 어떻게 해야 할까? 만일 세포의 내부에 인산염(phosphate)과 당, 그리고 A, B, C, D 염기들을 만들어내는 공장이 있다면, BAADC…의 순서로 되어 있는 기존의 줄과 정확하게 들어맞는 ABBCD…의 줄을 만들어 낼 수 있을 것이다. 세포가 분열할 때 두 가닥으로 갈라진 DNA는 바로 이런 과정을 통해 자신의 짝을 만들어서 온전한 DNA가 되는 것이다.

그 다음 질문—A, B, C, D의 배열 순서는 단백질 내부에 있는 아미노산의 배열과 어떤 관계가 있는가? 이것은 오늘날 생물학이 안고 있는 커다란 의문 중 하나이다. 이 문제를 해결할 만한 첫 번째 실마리는 다음과 같다. 세포 안에는 마이크로솜(microsome)이라 불리는 작은 입자들이 있는데, 단백질을 만들어 내는 공장이 바로 이곳에 존재하고 있다. 그런데 문제는 마이크로솜이 세포핵의 바깥에 있다는 점이다(DNA는 세포핵의 내부에 있다). 물론 그렇다고 해서 방법이 전혀 없는 것은 아니다. DNA로부터 아주 작은 분자들이 외부로 방출되고 있기 때문에, 이들이 필요한 정보를 실어 나른다고 생각할 수 있다. DNA보다 덩치는 훨씬 작으면서 DNA의 정보를 외부로 전달하는 이들은 현재 RNA로 불리고 있으며, 복제과정의 핵심을 이룰 정도로 중요한 대상은 아니지만, 어쨌거나 DNA의 정보들 중 일부가 RNA에 복사되어 단백질의 생산공장인 마이크로솜에 전달된다는 것까지는 알려

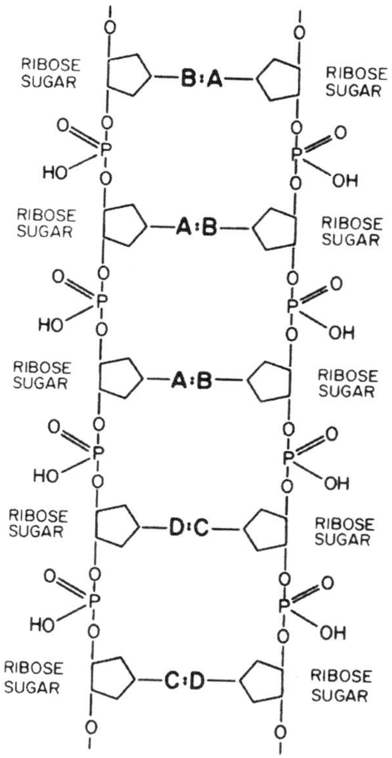

그림 3-2. DNA의 구조

져 있다. 그리고 RNA에 담긴 지령에 의해 단백질이 만들어지는 것도 사실이다. 그러나 이 과정에서 아미노산이 어떤 식으로 개입되는지, 그리고 이들이 RNA에 담겨 있는 정보를 어떻게 해독하는지는 여전히 미지로 남아있다. 만일 'ABCCA' 라는 염기의 배열 순서가 RNA에 의해 전달되었다 해도, 이 정보만 갖고는 어떤 단백질을 만들어야 할지 알 도리가 없는 것이다.

그러나 이 정도만 갖고 보더라도, 지금의 생물학은 다른 어떤 분야보다 첨단을 달리고 있다. 그리고 생명을 연구하는 모든 분야에 공통적으로 적용되는 대전제는 모든 물질이 원자들로 이루어져 있다는 사실이다. 그러므로 모든 생명활동은 결국 원자의 움직임으로부터 이해될 수 있을 것이다.

천문학

나는 지금 세상만사에 걸친 모든 과학 분야를 설명하고 있기 때문에 잠시도 여유를 부릴 틈이 없다. 그야말로 번갯불에 콩 볶아 먹듯 진도를 나가야 한다. 그래서 지금부터는 천문학 쪽으로 무대를 옮기기로 한다. 천문학은 물리학보다 훨씬 긴 역사를 갖고 있다. 사실 물리학은 천문학이 별과 행성의 운동으로부터 아름답고 단순한 규칙을 발견함으로써 태동되었다고 해도 과언이 아니다. 그러나 뭐니 뭐니 해도 천문학 역사상 가장 위대한 발견은 우주 내의 모든 별들이 지구에 있는 원소들과 동일한 종류로 이루어져 있음을 알아낸 것이다.*

이 사실을 어떻게 알 수 있었을까? 모든 원자들은 각자 고유한 진동수의 빛을 방출하고 있다. 이것은 악기마다 고유한 진동수의 소리를 내는 것과 비슷한 이치이다. 그런데 여러 가지 소리가 한꺼번에 들려올 때는 개개의 소리를 분리할 수 있지만, 여러 가지 색의 빛이 한꺼번에 들어오면 우리의 눈은 이들을 분리할 수 없다. 입력 신호를 분해하는 능력만큼은 눈보다 귀가 우수하다는 뜻이다. 그러나 분광기(spectroscope)라는 도구를 이용하면 빛의 다양한 진동수(또는 파장)를 분리시킬 수 있으며, 이런 방법으로 여러 개의 별에서 날아오는 빛을 분석할 수 있다. 실제로, 지금까지 알려진 화학원소들 중 두 개는 지구에서 발견되기 전에 분광기를 통하여 우주공간에서 먼저 발견되었다. 헬륨(He)과 테크노튬(Te)이 바로 그들인데, 헬륨은 태양에서 발견되어 지금과 같은 이름을 얻게 되었으며(태양의 신인 헬리오스(Helios)의 이름을 따서 헬륨(Helium)이라고 명명되었다: 옮긴이), 테크노튬은 어느 차가운 별(cool stars)에서 발견되었다.

별을 이루는 구성 성분이 지구에 있는 원소들과 동일하다는 사실이 알려지면서 별에 대한 우리의 이해는 큰 진전을 보였다. 이제 우리는

* *지금 내 입은 정말 바쁘다! 그래서 자세한 이야기를 일일이 하고 넘어갈 수가 없다. "모든 별들은 지구와 동일한 원소들로 이루어져 있다"는 문장 속에는 엄청난 사연이 숨어 있어서, 이것 하나만으로도 웬만한 강연 시간을 다 때울 수 있을 정도이다. 시인들은 과학이 별의 구조를 분해하여 고유의 아름다움을 빼앗아 간다고 불평하지만, 내가 보기에 이것은 전혀 근거가 없는 주장이다. 나 역시도 스산한 밤에 하늘의 별을 바라보며 감상을 떠올릴 줄 아는 사람이다. 내가 물리학자라고 해서 시인보다 느낌이 강하거나 약하다고 말할 수는 없지 않은가? 나의 상상력은 드넓은 하늘을 가로질러 무한히 뻗어나갈 수 있다. 우주를 선회하는 회전목마를 탄 채로, 나의 눈은 백만 년 전의 빛을 볼 수도 있다. 어쩌면 내 몸은 아득한 옛날에 어떤 별에서 방출된 원자들의 집합체일지도 모른다. 팔로마 산 천문대의 헤일 망원경으로 하늘을 바라보면 이 우주가 태초의 출발점을 중심으로 서로 멀어져가고 있음을 누구나 느낄 것이다. 이 거대한 이동패턴의 의미는 무엇이며 이런 일은 왜 일어나는 것일까? 이 질문에 대한 해답을 조금 안다고 해서 우주의 신비함이 손상을 입지는 않는다. 진리란 과거의 어떤 예술가가 상상했던 것보다 훨씬 더 경이롭기 때문이다! 오늘날의 시인들은 왜 이런 것을 시의 소재로 삼지 않는가? 왜 그들은 목성을 쉽게 의인화시키면서도 목성이 메탄과 암모니아로 이루어진 구형의 회전체라는 뻔한 사실 앞에서는 침묵하고 있는가? 이렇게 한정된 소재에만 관심을 기울이는 시인들은 대체 뭐하는 사람들인가?*

원자에 관하여 많은 것을 알고 있으며 특히 고온 – 저밀도 상태에 있는 원자의 운동을 성공적으로 기술할 수 있으므로 통계역학을 적절히 이용하여 별의 구성 성분과 행동양식을 분석할 수 있게 되었다. 별과 동일한 상황을 지구에서 재현시키지 못한다 하더라도 물리학의 기본 법칙들을 이용하여 별의 운명을 정확하게(또는 '거의' 정확하게) 예견할 수 있게 된 것이다. 물리학은 이런 식으로 천문학에 도움을 주고 있다. 이상하게 들리겠지만, 지금 우리는 지구의 내부보다 태양의 내부를 더욱 자세하게 알고 있다. 망원경으로 별을 관측하면 하나의 점으로밖에 보이지 않기 때문에, 별의 내부구조를 알아내는 것은 언뜻 생각하기에 무척이나 어려운 일처럼 여겨질 것이다. 그러나 실제로는 전혀 그렇지 않다. 별의 내부를 육안으로 볼 수는 없지만, 그곳에 있는 원자들의 행동 방식을 계산으로 알아낼 수는 있기 때문이다.

천문학이 이루어 낸 또 하나의 쾌거는 별을 계속해서 타오르게 만드는 에너지의 정체를 규명한 것이다. 이 놀라운 비밀을 알아낸 몇몇 과학자들 중 한 사람은 별의 내부에서 핵반응이 일어나고 있음을 처음으로 확인했던 바로 그날 밤에 자신의 여자친구와 잠시 산책을 했다. "저 반짝이는 별들 좀 보세요!"라고 그녀가 외치자, 그는 조용한 어투로 이렇게 대답했다. "그래, 그리고 지금 이 순간 별들이 반짝이는 이유를 아는 사람이 지구상에 딱 하나 있는데, 그게 바로 나야." 그러나 그녀는 싱겁게 웃고 말았다. '별들이 빛을 발하는 이유를 알고 있는' 유일한 남자와 데이트를 하고 있다는 것 정도로는 그다지 감동을 받지 못했던 모양이다. 그렇다. 혼자라는 것은 언제나 슬프고 고독하다.

그러나 어쩌겠는가? 세상의 이치가 원래 그런 것을……

태양에 끊임없이 에너지를 공급하는 원천은 바로 수소원자의 핵융합 반응이었다. 이 과정을 거치면서 수소는 헬륨으로 변한다. 헬륨뿐만 아니라 대부분의 화학원소들 역시 별 속에서 일어나는 핵반응의 부산물로 생성되고 있다. 우리의 몸을 이루고 있는 모든 원자들도 먼 옛날 어떤 별 속에서 '조리되어' 밖으로 방출된 것이다. 다시 말해서 우리 모두는 '별의 후손' 인 셈이다. 이런 사실을 어떻게 알 수 있었을까? 물론 하나의 실마리로부터 풀어낸 결론이다. 탄소의 동위원소인 C^{12}와 C^{13}은 화학적 성질이 완전히 똑같기 때문에 화학반응에 의해 C^{12}가 C^{13}으로 변하는 일은 결코 없다. 이런 변화는 오로지 핵반응을 통해 일어난다. 그러므로 완전히 타서 재만 남은 '죽은 별' 을 관측하여 C^{12}와 C^{13}의 존재 비율을 계산해보면 생전에 별을 태우던 용광로(핵반응)의 정체를 추적할 수 있다. 지금 우리 주변에 존재하는 모든 원소들은 먼 옛날에 신성(novae)이나 초신성(supernovae)이 폭발하면서 흩어진 잔해의 일부일 것이다. 이렇듯 천문학은 물리학과 밀접한 관계에 있으므로, 앞으로 우리는 물리학을 공부하면서 천문학에 대하여 꽤 많은 사실들을 덤으로 알게 될 것이다.

지질학

이제 지구과학, 혹은 지질학이라 불리는 '땅의 과학' 분야로 관심을 돌려보자. 우선적인 관심사는 기상학과 날씨에 관한 것이다. 기상학에 동원되는 도구들이 물리적 장비임은 두말할 필요가 없다. 그래서 기상학 역시 실험 물리학의 발전에 힘입은 바가 크다. 그러나 물리학자들은 만족스런 기상학 이론을 만들어 내지는 못했다. 여러분은 이렇게 반문할지도 모른다. "어쨌거나 지구 근처의 공간은 공기로 가득 차 있고 공기의 운동방정식은 이미 알고 있지 않은가?" 그렇다. 그 정도는 우리도 알고 있다. "그렇다면, 오늘의 공기 상태로부터 내일의 공기 상태를 알 수 있어야 하지 않은가? 그게 왜 어렵다는 말인가?" 나로서도 안타까운 일이지만, 그게 그렇게 말처럼 쉬운 작업이 아니다. 우선, 오늘의 공기 상태를 안다는 것부터가 엄청나게 어려운 일이다. 공기는 시도 때도 없이 소용돌이치면서 뒤틀리고 있기 때문이다. 그래서 지구 근처의 대기는 매우 예민하며, 불안정한 경우가 많다. 장마철에 물이 둑 위로 넘칠 때, 둑을 넘어가는 물은 부드럽게 흐르지만 일단 아래로 떨어지면 수많은 물방울과 거품이 일면서 혼란스러운 상태로 변하는 광경을 여러분도 본 적이 있을 것이다. 이것이 바로 '불안정' 의 의미이다. 둑 위를 넘어가기 전에 물의 흐름은 더할 나위 없이 유연하고 부드럽다. 그러나 일단 둑을 넘어선 물은 완전히 다른 모습으로 변한다. 그렇다면 물이 떨어지기 시작한 후에, 과연 어느 지점에서 물방울이 형성되기 시작하는가? 물방울의 크기와 향후 그들의 운명은 무엇에 의해 결정되는가? 이것은 아직 밝혀지지 않은 문제이다. 둑의 꼭대기를 통과한 물은 이미 불안정한 상태에 있기 때문이다. 부드럽게 이동하는 공기도 산봉우리를 만나면 갑자기 소용돌이나 난기류로 변하는 수가 있다. 이 난류(turbulent flow)현상은 여러 분야에서 시도 때도 없이 나타나는데, 지금의 기술로는 체계적인 분석이 불가능하다. 이제 날씨 이야기는 그만하고 지질학으로 무대를 옮겨보자.

지질학의 가장 기본적인 질문은 아주 간단하다. "땅은 왜 지금과 같은 모습을 하고 있는가?" 강이나 바람에 의한 침식작용 같은 현상들은 우리의 눈에 분명하게 보이기 때문에 쉽게 이해할 수 있지만, 모든 침식과정에는 눈에 보이지 않는 다른 현상들이 동시에 진행되고 있다. 지구상의 모든 산들은 평균적으로 볼 때 과거보다 높아지고 있다. "산을 형성하는 과정"이 은밀하게 진행되고 있는 것이다. 지질학을 공부하다 보면 산이 형성되는 과정과 화산활동에 대해서 배우게 될 텐데, 사실 이것들은 아직 분명하게 밝혀지지 않았다. 그러나 지질학의 절반은 이런 내용으로 채워져 있다. 특히 화산의 활동은 정말로 지독한 미스터리이다. 무언가가 또 다른 무언가를 밀어내면 그것은 외부로 분출되어 흘러내린다. 이건 너무도 당연한 이야기다. 화산의 경우도 이럴 것이라고 어렴풋이 짐작은 하고 있다. 그러나 용암을 밀어내는 원천은 무엇이며, 이런 현상은 왜 일어나는가? 지금까지 제시된 이론에 의하면 지구 내부에 무언가가 순환하면서 흐르고 있는데(내부와 외부의 온도차에 기인하는 것으로 추정된다), 이 흐름에 의해 지구의 표면이 약간 바깥쪽(위쪽)으로 밀리는 힘을 받는다는 것이다. 그래서 서로 반대 방향으로 순환하는 흐름이 한 지점에서 교차하게 되면 이곳에 물질이 집중되어 압력을 받게 되며, 그 결과로 나타나는 현상이 화산과 지진이라고 설명하고 있다.

지구의 내부는 어떤 모습일까? 지구를 관통하는 지진파의 속도와 지구의 밀도 분포에 관해서는 꽤 많은 사실들이 알려져 있다. 그러나 현재 예상되는 지구 중심부의 압력 하에서, 그 근처에 있는 물질들의 밀도를 예측하는 이론적인 모델은 아직 만들어지지 못했다. 초고압의 상태에서는 물질의 특성을 규명할 수 있는 방법이 아직 개발되지 못했기 때문이다. 역설적으로 들리겠지만, 우리가 지구의 내부에 대하여 알고 있는 것은 멀리 떨어져 있는 별의 내부에 관한 지식보다 훨씬 적다. 이 문제와 관련된 수학 역시 아직은 다루기가 어려워서 답보상태를 벗어나지 못하고 있다. 그러나 머지않은 미래에 누군가가 이 문제의 중요성을 깨닫고 결국은 풀어내리라 믿는다. 물론, 지구 내부의 밀도를 알아낸다 해도 내부에서 진행되고 있는 물질의 순환은 여전히 미지로 남을 것이다. 뿐만 아니라 초고압 상태에서 바위가 갖는 특성이나 바위의 수명 등도 역시 알 수 없다. 이런 것들은 실험을 통해 밝혀져야 한다.

심리학

그 다음으로, 심리학이라는 과학을 생각해 보자. 그런데 여기서 한 가지 부언할 것이 있다. 정신분석학(psychoanalysis)은 과학이 아니다. 그것은 기껏해야 치료과정일 뿐이며, 경우에 따라서는 주술에 가깝다고 말할 수도 있다. 정신분석학에는 질병의 원인을 규명하는 이론이 있는데, 여러 종류의 영혼(귀신)에서 그 원인을 찾고 있다. 주술사들은 말라리아 같은 질병이 공기를 따라 어떤 영혼이 흘러 들어와서 발병하는 것으로 믿고 있다. 환자의 머리 위에서 뱀을 흔드는 행위는 치료에 도움이 되지 않는다. 오히려 키니네(quinine)가 말라리아에 분명한 효험이 있다. 그러나 만일 여러분이 병에 걸렸다면, 나는 먼저 주술사에게 가보라고 권할 것이다. 부족 내에서 병에 관하여 가장 해박한 사람이 바로 그이기 때문이다. 하지만 그의 지식은 결코 과학이 아니다. 정신분석은 실험을 통해 검증된 바가 전혀 없고, 그것이 통하는 경우와 통하지 않는 경우를 구별할 방법도 없기 때문이다.

지각생리학과 같은 심리학의 다른 분과들은 조금 따분한 경향이 있다. 그러나 이 분야에서도 미미하지만 분명한 진보가 이루어지고 있다. 이들 중 가장 우리의 관심을 끄는 것은 신경계통에 관한 문제인데, 질문의 내용을 요약하면 다음과 같다. "어떤 동물이 무언가 새로운 지식을 습득하면 전에 못하던 행동을 할 수 있게 된다. 이것은 곧 그 동물의 뇌세포에 변형이 일어났음을 뜻한다. 그렇다면, 구체적으로 어느 부분이 어떻게 달라지는 것일까?" 물론 지금의 우리는 해답을 갖고 있지 않다. 새로운 것을 습득할 때 신경계통에 어떤 변화가 일어나는지, 지금으로서는 오리무중이다. 또한 이것은 앞으로 반드시 해결해야 할 매우 중요한 문제이기도 하다. 기억에 관여하는 어떤 물질이 존재한다고 가정한다 해도, 동물의 뇌는 수많은 신경망들이 얽혀 있는 거대한 기관이기 때문에 직접적인 방법으로는 분석이 불가능할지도 모른다. 우리가 흔히 사용하는 컴퓨터 역시 뇌와 비슷한 구조를 갖고 있다. 컴퓨터의 내부 기관은 수많은 회로소자와 전선으로 이루어져 있으며, 이는 뇌 속의 신경세포 및 이들 사이를 연결하는 시냅스(synapse)와 매우 유사하다. 동물의 사고 체계와 컴퓨터 사이의 유사성, 이것 역시 매우 흥미로운 주제이긴 하지만 지금 여기서 다루기에는 시간이 턱도 없이 모자라기 때문에 그냥 넘어가기로 한다. 물론 이 분야가 아무리 발전한다 해도 복잡 미묘한 인간의 행동양식을 모두 설명하진 못할 것이다. 이 세계에는 60억이 넘는 인구가 살고 있지만, 똑같은 사람은 하나도 없다. 인간을 과학적으로 이해하려면 앞으로도 많은 세월이 흘러야 할 것이다. 그리고 이 문제를 해결하기 위해서는 한참 뒤로 물러나서 모든 상황을 다시 한번 관망하는 자세가 필요하다. 누군가가 사람이 아닌 개의 행동양식을 완전히 파악했다면, 그것만으로도 장족의 발전이다. 개는 사람보다 단순하지만, 길거리에서 마주친 개가 나를 물 것인지, 아니면 무사히 지나칠 것인지를 예견할 수 있는 이론은 아직 개발되지 않았다.

왜 이렇게 되었는가?

도구를 발명하는 것과 달리, 물리학이 다른 과학에 유용한 이론을 제시하려면 먼저 해당분야의 과학자들은 자신이 안고 있는 문제를 물리학적 용어로 바꾸어 물리학자에게 설명해 주어야 한다. "개구리는 왜 느긋하게 걷지 않고 팔짝팔짝 뛰어다닙니까?"라고 묻는다면 물리학자는 아무런 답도 줄 수 없다. "개구리의 모습을 띠고 있는 분자의 집합체가 여기 있습니다. 이 속에는 신경조직과 근육세포가 있고……" 이런 식으로 이야기를 풀어 나가야만 물리학자와의 대화가 가능할 것이다. 지질학자나 천문학자가 지구와 별에 대하여 이런 류의 정보를 준다면 물리학자는 기존의 이론(또는 새로운 이론)으로 지구와 별의 현재 상태와 과거, 미래를 알아낼 것이다. 물리학 이론이 어떻게든 유용하게 사용되기 위해서는, 먼저 원자의 정확한 위치가 규명되어야 한다. 그리고 화학을 이해하려면 존재하는 원자의 종류를 알아야 한다. 그래야만 대상을 분석할 수 있기 때문이다. 물론 이것은 우리가 직면할 수 있는 수많은 한계들 중 하나의 사례에 불과하다.

다른 과학 분야에는 물리학에서 찾아볼 수 없는 또 다른 문제점이 있다. 이 문제를 표현할 만한 적절한 단어가 없기 때문에, 일단은 '역사적 질문'이라고 해두자. 그 내용은 다음과 같다. 만일 우리가 생물학의 모든 것을 이해하게 되었다면, 그 다음에는 지구 위에 그런 생물들이 왜 존재하는지 궁금할 것이다. 이 의문에 부분적인 해답을 주는 이론이 바로 진화론인데 이는 생물학에서도 매우 중요한 분야지만 아직은 보완되어야 할 구석이 많은 미완의 이론이다. 지질학의 경우에도 우리는 산의 생성 과정뿐만 아니라 지구 자체의 생성 과정, 더 나아가서는 은하계의 기원까지도 알고 싶어 한다. 물론 이러한 의문은 "이 세상은 어떤 물질들로 이루어져 있는가?"라는 질문으로 귀결된다. 별들은 어떻게 진화하는가? 별이 처음 생성되던 시기의 초기 조건은 어떠했는가? 이것은 또 천문학에서 다루어야 할 '역사적 질문' 이다. 별과 우리 자신을 이루고 있는 원소들에 대해서는 상당히 많은 사실들이 알려져 있으며, 아주 조금이긴 하지만 우주의 기원도 베일을 벗기 시작했다.

그러나 현 시점에서 물리학은 '역사적 질문' 으로 고민하지 않는다. "여기 물리학 법칙이 있다. 그런데 왜 하필 이런 법칙이어야만 하는가?" 물리학에는 이런 식의 질문이 없다. 물리학자는 하나의 물리법칙을 발견했을 때 "이 법칙은 어떤 변천과정을 거쳐서 지금과 같이 되었을까? 변하기 전의 법칙은 어떤 모습이었을까?" 등등의 의문으로 골머리를 앓지 않는다(그러나 지금의 물리학자들은 초끈이론(Super-string Theory)을 통해 이 문제의 해답을 구하려고 노력하고 있다: 옮긴이). 물론, 물리법칙은 시간과 함께 변할 수도 있다. 만일 이것이 사실로 판명된다면 물리학의 '역사적 질문' 은 곧 우주의 역사에 대한 질문으로 발전할 것이며, 이때부터 물리학자는 천문학자나 지질학자, 생물학자 등과 동일한 주제를 놓고 대화하게 될 것이다.

마지막으로, 많은 분야에 공통적으로 적용되면서 아직 해결되지 않고 있는 물리학 문제가 하나 있다. 이것은 새로운 소립자를 찾아내는 첨단 물리학의 문제가 아니라, 백년이 넘도록 방치되고 있는 유서 깊은 문제이다. 다른 과학 분야와도 밀접하게 관계되어 있는 매우 중요한 문제임에도 불구하고, 이것을 수학적으로 만족스럽게 해결한 물리학자는 아직 나타나지 않았다. 대체 얼마나 대단한 문제이기에 아직도 난공불락이라는 말인가? 그것은 바로 '난류의 순환 과정' 을 분석하는 일이다. 별의 진화과정을 추적하다보면 별에서 대류(convection)가 일어나는 시점에 이르게 되는데, 일단 여기까지 오면 더 이상의 논리를 진행시킬 수가 없다. 앞으로 수백만 년 후에 그 별이 폭발한다는 것은 알겠는데, 왜 폭발하는지를 알 수가 없는 것이다. 이뿐만이 아니다. 우리는 난류에 대해서 아는 것이 없기 때문에 날씨를 정확하게 예측할 수 없고, 지구 내부에서 일어나고 있는 현상에 대해서도 이해하지 못하고 있다. 난류 문제의 가장 간단한 예로서, 긴 파이프 안에 빠른 속도로 물을 유입시키는 경우를 들 수 있다. 여기서 질문! — 주어진 양의 물을 그 파이프 속으로 모두 유입시키려면 어느 정도의 압력이 필요할 것인가? 유체역학의 원리와 우리가 알고 있는 물의 성질을 총동원한다 해도 아직은 답을 구할 수 없다. 만일 물의 흐르는 속도가 아주 느리거나 꿀같이 걸쭉한 액체를 물 대신 사용한다면 이 문제는 간단하게 해결된다. 풀이 과정이 너무 쉬워서 교과서의 연습문제에 나와 있을 정도다. 그러나 정상적인 물을 빠른 속도로 흘려보내는 경우에는 아무도 답을 제시하지 못하고 있다. 이것 역시 앞으로 꼭 풀어야 할 아주 중요한 문제이다.

상상력이 풍부했던 어느 시인은 "한 잔의 와인 속에 우주의 모든 것이 담겨 있다"고 표현했다. 시인들은 쉽게 이해될 만한 언어를 구사하지 않기 때문에 이 시구의 진정한 의미는 나로서도 알 길이 없다. 그러나 와인이 담겨 있는 잔을 아주 자세히 들여다보면, 거기에는 정말로 모든 우주가 함축되어 있다. 출렁이는 와인은 바람과 기온에 따라 증발하고, 유리잔은 빛을 반사시키며, 우리의 상상력은 거기에 또 다른 원자들을 추가시킨다. 이런 것은 모두 물리적인 요소들이다. 유리잔은 지구의 바위를 정제시켜서 만들어진 것이므로, 그 원자의 구조로부터 우리는 우주의 나이와 별들의 진화과정을 알아낼 수 있다. 와인 속에는 어떤 화학 성분이 들어 있으며, 이들은 어떻게 존재하게 되었을까? 거기에는 효모와 효소, 그리고 효소의 영향을 받는 물질들과 이들로부터 생성된 결과물이 한데 뭉쳐져 있다. 여기서 우리는 매우 일반적인 사실 하나를 알게 된다. 모든 생명은 발효과정에서 비롯된다는 것이다. 루이 파스퇴르(Louis Pasteur)가 했던 것처럼, 수많은 질병의 원인을 규명한 후에야 비로소 와인 속에 담긴 화학을 이해할 수 있다. 우리의 보잘것없는 지성이 와인 한 잔을 놓고 물리학, 생물학, 지질학, 천문학, 심리학 등을 떠올린다 해도, 자연은 그런 것에 전혀 관심이 없다. 그러므로 와인의 존재 이유를 기억하면서 그것과 알맞은 거리를 유지하도록 하라. 두 눈을 부릅뜨고 와인 잔을 뚫어지게 바라볼 필요는 없다. 이 얼마나 향기로운 와인인가…… 마시고 다 잊어버려라!

진동추 옆에 서 있는 리처드 파인만

제 4 강
에너지의 보존

에너지란 무엇인가?

이제 사물에 대한 일반적인 서술은 이 정도로 끝내고, 지금부터는 물리학의 여러 가지 측면들을 좀더 자세히 들여다보기로 하자. 이론 물리학에서 흔히 사용되는 아이디어와 논리들을 한눈에 일목요연하게 보여주는 예로 에너지 보존법칙이 있다.

지금까지 알려진 모든 자연현상은 어떤 정해진 룰을 따르고 있다. 여러분이 원한다면 그것을 '법칙' 이라 불러도 좋다. 물리학자들이 실험을 한 이래로 이 법칙에서 벗어나는 사례는 단 한 번도 발견된 적이 없었다. 이것이 바로 그 유명한 '에너지 보존법칙' 이다. 내용인즉, 우리가 '에너지' 라고 부르는 양은 어떠한 상황에서도 변하지 않는다는 것이다. 그런데 이것은 수학적 원리에 바탕을 두고 있기 때문에 다소 추상적인 개념이라고 할 수 있다. 어떤 사건이 일어날 때 수학적으로 정의된 특정량이 불변이라는 것인데, 이것은 역학(力學)에 입각한 설명이 아니며 어떤 구체적인 내용을 담고 있는 것도 아니다. 단지 우리가 어떤 양을 수학적으로 계산하고, 무언가 변화가 일어난 후에 그 양을 다시 계산하여 비교해보면 정확하게 일치한다는 뜻이다(체스게임에서 붉은 비숍은 항상 붉은 칸 위에서만 움직일 수 있다. 이것이 바로 체스라는 자연계의 법칙이다. 에너지 보존법칙도 이와 비슷한 맥락으로 이해될 수 있다). 에너지 보존법칙은 추상적인 개념이기 때문에 비유를 들어 설명하는 편이 좋을 것 같다.

장난감 블록을 갖고 놀고 있는 개구쟁이 데니스(미국의 인기 만화 주인공: 옮긴이)를 상상해보자. 이 장난감 블록은 매우 단단하여, 절대로 쪼개지거나 조각나는 일이 없다. 데니스는 지금 방 안에서 똑같은 재질로 되어 있는 28개의 블록을 갖고 하루 종일 놀고 있다. 하도 장난이 심해서 데니스의 엄마가 아침에 데니스를 장난감과 함께 방에 가두어 버린 것이다. 밤이 되자 엄마는 장난감이 제대로 다 있는지 확인하기 위해 블록의 개수를 세어 보았다. 그리고는 무언가 하나의 법칙을 발견하였다. 데니스가 블록으로 무엇을 만들건 간에, 블록의 개수는 항상 28개였던 것이다!

이런 식으로 며칠이 지난 어느 날, 데니스의 엄마는 블록을 세다가 깜짝 놀랐다. 28개였던 블록이 27개로 줄어든 것이다. 그러나 엄마는 자신이 찾아낸 법칙을 하늘같이 믿고 있었으므로 방안의 구석구석을 뒤지기 시작했다. 그리고 잠시 후에 데니스의 베개 밑에서 없어진 한 조각을 찾을 수 있었다. 그런데 어느 날, 이상한 일이 벌어졌다. 방안을 아무리 뒤져봐도 블록이 26개뿐이었던 것이다. 이리저리 둘러보던 데니스의 엄마는 창문이 열려 있는 것을 보고 바깥을 내다보았다. 그랬더니 아니나 다를까, 창문 아래쪽에 두 개의 블록이 떨어져 있었다. 역시 그녀의 법칙은 틀림이 없었다. 그런데, 또 다른 어느 날에는 정말로 황당한 일이 벌어졌다. 데니스의 블록이 30개로 늘어난 것이다! 그러나 엄마는 침착하게 그날 있었던 일들을 되새겨 보았다. 그러다가 아까 낮에 데니스의 친구인 브루스가 자기의 장난감 블록을 갖고 놀러 왔었다는 사실을 깨달았다. 즉, 브루스가 자신의 블록 중 일부를 데니스의 방에 놓고 간 것이다. 엄마는 브루스에게 블록을 돌려주면서 두 번 다시 블록을 가지고 오지 말라고 주의를 주었다. 그리고 데니스 방의 창문도 닫았다. 그랬더니 한동안은 모든 것이 정상이었다. 그런데 어느 날 블록을 세어보니 또 다시 문제가 발생했다. 블록이 25개밖에 없었던 것이다. 놀란 엄마가 장난감 상자를 열려고 하자 데니스가 가로막으며 소리쳤다. "안돼요! 내 장난감 상자를 열지 마세요! 나도 사생활이라는 게 있다구요!" 엄마는 기가 막혔지만 막무가내로 버티는 아이를 이길 수는 없었다. 그러나 어떻게든 장난감의 행방은 알아야겠기에 다른 방법을 떠올렸다. 예전에 그녀는 장난감 블록의 무게를 저울로 달아본 적이 있었는데, 블록 하나의 무게는 3온스였고 텅 빈 장난감 상자의 무게는 16온스였다. 그래서 이번에는 장난감 상자의 무게를 잰 후에 거기에서 16온스를 빼고, 다시 3으로 나누었다. 그랬더니 그 결과는 다음과 같았다.

$$\left(\begin{matrix}\text{현재 눈에 보이는}\\\text{블록의 개수}\end{matrix}\right)+\frac{(\text{상자의 무게})-16\text{온스}}{3\text{온스}}=\text{상수} \tag{4.1}$$

데니스의 엄마는 이 상수의 값이 28이 되어주기를 바랐을 것이다. 그러나 값은 여전히 28보다 작았다. 슬슬 화가 나기 시작한 그녀는 데니스가 목욕을 하고 있는 욕조를 바라보았다. 그랬더니, 이 말썽꾼이 욕조 안에서 장난감 블록을 갖고 노는 것이 아닌가! 아이의 수중에 있는 블록이 몇 개인지 세어보려 했지만 물이 너무 탁해서 볼 수가 없었다. 그러나 엄마의 집요함은 곧바로 다른 방법을 찾아내기에 이르렀다. 욕조에 담긴 물의 원래 높이는 6인치였고, 블록 하나가 물 속에 잠길 때마다 수면의 1/4인치씩 올라간다는 사실도 이미 알고 있었던 것이다! 그래서 그녀는 자신의 수식을 다음과 같이 수정하였다.

$$\left(\begin{matrix}\text{현재 눈에 보이는}\\\text{블록의 개수}\end{matrix}\right)+\frac{(\text{상자의 무게})-16\text{온스}}{3\text{온스}}+\frac{(\text{물의 높이})-6\text{인치}}{1/4\text{인치}}=\text{상수} \tag{4.2}$$

상황이 점점 복잡해질수록, 데니스의 엄마는 눈에 보이지 않는 블록의 개수를 확인하기 위해 더욱 많은 항들을 찾아서 원래의 식에 추가해야 한다. 비록 수식은 복잡해지고 계산도 어려워지긴 하지만, 어쨌거나 그녀는 최종적으로 얻어진 수식을 계산함으로써 28개의 블록들이 모두 안전하다는 확신을 가질 수 있게 되는 것이다.

이 이야기와 에너지 보존법칙의 공통점은 무엇일까? 이 점을 논하려면, 먼저 '눈에 보이는 블록'을 잊어버려야 한다. 즉, 식 (4.1)과 (4.2)에서 첫 번째 항을 떼어버리라는 뜻이다. 그러면 다소 추상적인 항들이 남게 된다. 블록 찾기와 에너지 보존 사이의 유사점은 다음과 같다. 첫째로, 우리가 에너지를 계산할 때 일부는 계(system)를 떠나 외부로 방출되고, 일부는 외부로부터 유입되기도 한다. 그러므로 에너지 보존법칙을 입증하려면, 우리가 관심을 갖고 있는 계로부터 나가거나 들어오는 것이 전혀 없도록 주의를 기울여야 한다. 둘째로, 에너지는 다양한 형태로 존재하며, 각 형태마다 나름대로의 산출 방식이 있다는 점이다. 중력에너지, 운동에너지, 열에너지, 탄성에너지, 전기에너지, 화학에너지, 복사에너지, 핵에너지, 질량에너지 등등… 이 모든 것들이 다 에너지이다. 이들 각각의 기여도를 모두 더하면, 에너지의 출입이 없는 계에 대하여 항상 같은 값을 보일 것이다.

에너지의 진정한 본질은 무엇인가? 이것은 현대 물리학조차도 해답을 알 수 없는 물리학의 화두이다. 에너지는 특정량이 덩어리처럼 뭉쳐진 형태로 존재하지 않는다. 그러나 우리에게는 어떤 숫자를 계산해낼 수 있는 공식이 있다. 그리고 이 값들을 모두 더하면 항상 28로 떨어진다(데니스의 장난감 블록의 경우). 그러나 이것은 매우 추상적인 값이다. 이 값만으로는 에너지를 산출하는 공식이 '왜 그런 모양이어야 하는지'를 알 방법이 없다.

중력에 의한 위치에너지

에너지 보존법칙은 에너지를 구하는 수식이 모두 알려져 있어야만 성립여부를 확인할 수 있다. 지금부터 나는 지표면 근처에서 중력에너지를 나타내는 수식을 유도할 것이다. 방법은 여러 가지가 있는데, 여기서는 물리학의 역사적 사실들을 전혀 언급하지 않고 오로지 논리적 사고 하나만으로 이 작업을 완수할 예정이다. 여러분은 이 사례로부터 자연의 상당부분이 몇 개의 알려진 사실과 치밀한 논리만으로 이해될 수 있음을 알게 될 것이다. 지금부터 우리가 사용할 논리는 카르노(N. L. Sadi Carnot, 1796~1832)가 증기기관의 효율을 연구하면서 정립했던, 바로 그 논리이다.*

한쪽 끝을 내리 눌러서 다른 한쪽의 물건을 들어올리는 기구를 상상해보자. 그리고 여기에 다음과 같은 가설을 추가하자. "영원히 움직이는 기계는 없다." 물론 이것은 방금 말한 기구에도 적용된다(사실 영원히 움직이는 기계, 즉 영구기관이 존재하지 않는다는 것은 에너지 보존법칙에 대한 가장 일반적인 서술이다). 이 시점에서 우리는 영원히 움직이는 것, 즉 영구운동을 엄밀하게 정의하고 넘어가야 한다. 먼저 물건을 들어올리는 기구의 경우에 한하여 영구운동의 정의를 내려보자. 만일 이 기구를 이용하여 여러 장의 벽돌을 여러 차례 올리고 내

* *지금 우리에게 중요한 것은 식 (4.3)에 적혀있는 결과가 아니다. 이것은 여러분도 이미 알고 있을 것이다. 내가 강조하고자 하는 것은 아무런 사전지식 없이 논리적 추론만으로도 이 결과를 얻을 수 있다는 사실이다.*

린 후에 맨 처음의 상태로 돌아왔을 때, 그 최종결과가 벽돌 한 장을 들어올린 것과 동일하다면 이 기구는 영구기관이다. 왜냐하면 위로 올려진 벽돌 한 장은 어떤 형태로든 '일' 을 할 수 있기 때문이다. 단, 기구가 움직이는 동안 외부로부터 유입된 에너지가 없을 때에만 그렇다(이런 경우, 이 기구는 '독립계' 라고 불린다).

물건을 들어올리는 가장 단순한 형태의 기구는 그림 4-1과 같다. 이 기구는 1kg짜리 벽돌 한 장으로 3kg을 들어올릴 수 있다. 방법은 아주 간단하다. 그저 한쪽 끝에 3kg짜리 벽돌을 얹어놓고, 반대쪽 끝에 1kg짜리 벽돌을 얹기만 하면 된다. 그러나 이 기구가 실제로 작동하려면, 3kg짜리 벽돌이 얹혀있는 접시를 약간 위쪽으로 들어주어야 한다. 또는 이와 반대로 3kg짜리 벽돌을 이용하여 1kg의 벽돌을 들어올릴 수도 있는데, 이 경우 역시 1kg짜리 벽돌이 얹힌 접시를 약간 위로 들어주어야 기구가 작동을 시작한다(그림 4-1에서 받침점과 벽돌 사이의 거리의 비는 3:1이다: 옮긴이). 이 경우뿐만 아니라, 물건을 들어 올리는 모든 종류의 기구들은 외부에서 무언가를 '가해야' 작동된다. 하지만 당분간은 이 점을 무시하고 논리를 진행시켜보자. 가장 이상적인 기구는(실제로 존재하지는 않지만) 이런 여분의 무언가를 가하지

그림 4-1. 물건을 들어올리는 단순한 기구

않아도 스스로 작동하는 기구이다. 우리가 일상적으로 사용하는 도구들은 거의 '가역적(reversible)' 인 성질을 갖게끔 만들 수 있다. 다시 말해서 1kg짜리 추를 아래로 내림으로써 3kg짜리 추를 위로 들어올렸다면, 반대로 3kg짜리 추를 아래로 내려서 거의 1kg짜리 추를 들어올릴 수도 있다는 뜻이다.

이제 물건을 들어올리는 모든 기구들을 가역적인 것(아무리 잘 만들어도 이렇게 될 수는 없다)과 비가역적인 것(실제로 사용되는 대부분의 도구들이 여기에 해당된다)으로 분류해보자. 그리고 여기에 1kg짜리 추를 1m 내려서 3kg짜리 물건을 들어올리는 가역적인 기구가 있다고 가정해 보자. 지금부터 이 기계를 '기구 A' 라 부르기로 한다. 기구 A로 3kg을 들어 올렸을 때 올라간 높이를 *X*라 하자. 또한 여기에는 '기구 B' 라고 불리는 또 하나의 기구가 있는데, 이 기구는 반드시 가역적일 필요는 없고 1kg 추를 1m 내렸을 때 3kg짜리 물건을 높이 *Y* 만큼 들어올린다고 하자. 그렇다면 우리는 당장 *Y*가 *X*보다 '높지 않다' 는 것을 증명할 수 있다. 다시 말해서, 가역적인 기구보다 더 높이 들어올릴 수 있는 기구는 존재하지 않는다는 뜻이다. 왜 그럴까? 증명은 다음과 같다. 우선 *Y*가 *X*보다 높다고 가정해 보자. 기구 B를 사용하여 1kg 추를 1m 내리면 3kg짜리 추가 *Y*만큼 올라간다. 그러면 여기서 *Y*만큼 올라간 3kg 추를 높이 *X*까지 내릴 수 있는데, 이 과정에서 우리는 공짜로 일(work/power)을 얻게 된다. 그런 다음에 기구를 A로 교체하여 3kg 추를 *X*만큼 내리면 1kg 추는 1m 상승하여 원래의 배치 상태로 되돌아오게 된다. 즉, 똑같은 과정을 다시 되풀이할 수 있게 된 것이다! 이런 식으로 기구 A, B를 계속 가동하면 결국 이 기구는 영구기관이 된다. 그러나 앞에서 지적했듯이, 이런 일은 결코 일어날 수 없다. 무엇이 잘못되었을까? 그렇다. Y가 X보다 높다고 했던 가정이 틀린 것이다! 따라서 Y는 절대로 X보다 높지 않으며, 모든 기구들 중에서 성능이 가장 우수한 것은 가역적인 기구라는 결론이 얻어진다.

또한 우리는 모든 가역기구들이 물건을 들어 올릴 수 있는 높이가 모두 같다는 것도 증명할 수 있다. 기구 B가 가역적이라고 가정하면 방금 전에 얻은 결론 즉 Y가 X보다 높지 않다는 사실이 여전히 성립하면서, 논리의 순서를 바꾸어 'X가 Y보다 높지 않다'는 사실도 증명할 수 있다. 이렇게 되면 $Y \leqq X$이면서 동시에 $X \leqq Y$이므로 $X=Y$라는 결론이 자연스럽게 내려지는 것이다. 이것은 매우 주목할 만한 결과이다. 이 결과를 이용하면 기구의 내부구조를 들여다보지 않고서도 다양한 기구들이 물건을 들어올리는 높이를 미리 알 수 있다. 만일 누군가가 엄청난 노력을 기울여서 '1kg의 추를 1m 내려서 3kg짜리 물건을 들어올리는' 매우 복잡한 기계를 만들었다면, 우리는 이 기계와 동일한 일을 하는 가역성 단순 지렛대로부터 그의 걸작품이 3kg짜리 물건을 들어올릴 수 있는 높이의 한계를 금방 알아낼 수 있다. 그리고 만일 그의 기계가 가역적이었다면 올릴 수 있는 높이를 '정확하게' 알 수 있다. 지금까지의 내용을 요약하면 다음과 같다. 가역적인 기구들은 구조에 상관없이 1kg 추를 1m 내렸을 때 3kg짜리 물건이 들어올려지는 높이가 모두 같다(X). 이것은 매우 유용한 보편적 법칙이다. 그렇다면 그 다음 질문을 던져보자. X의 값은 과연 얼마인가?

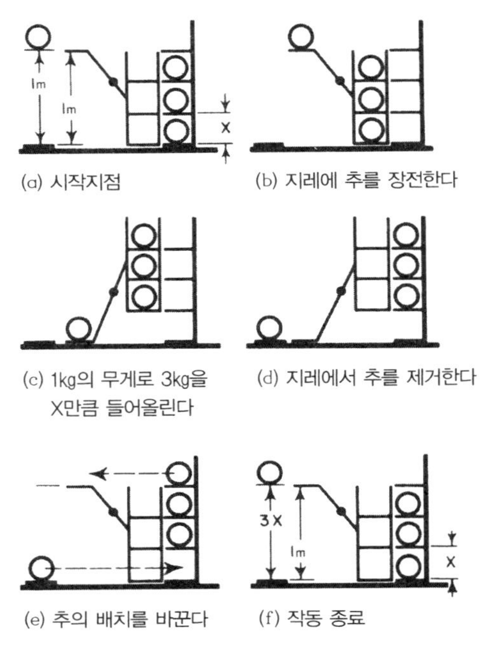

(a) 시작지점
(b) 지레에 추를 장전한다
(c) 1kg의 무게로 3kg을 X만큼 들어올린다
(d) 지레에서 추를 제거한다
(e) 추의 배치를 바꾼다
(f) 작동 종료

그림 4-2. 가역적 지레

여기 1kg 추를 1m 내려서 3kg짜리 물건을 *X*만큼 들어올리는 가역적 지레가 있다고 해보자. 또한 3kg짜리 물건은 1kg짜리 추 세 개를 모아놓은 것으로서, 그림 4-2와 같이 3층으로 된 선반 위에 얹혀져 있다고 하자(선반 한 층의 높이는 *X*이다). 애초에 하나의 추(지레의 왼쪽)는 지면으로부터 1m 높이에 있었다(a). 이제 오른쪽 벽의 3층 선반에 놓여있는 세 개의 추를 지레의 오른쪽에 달린 3층 방에 '장전' 시킨다(b). 단, 이 과정에서는 에너지가 투입되지 않는 것으로 간주한다. 세 개의 추는 높이의 변화 없이 수평으로만 이동했기 때문이다. 우리의 가역적 지레는 지금부터 비로소 작동되기 시작한다. 즉, 지레의 왼쪽에 얹혀 있는 하나의 추가 1m 아래의 바닥으로 내려가면서 오른쪽에 얹혀진 3개의 추를 X만큼 들어올리는 것이다(c). 이 과정이 끝나면 3개의 추를 다시 평행이동시켜서 선반 위에 얹어 놓고, 지레의 왼쪽에 있는 하나의 추도 평행이동시켜서 바닥으로 끌어내린다(d). 이 모든 과정이 끝난 후에 지레의 기울어진 상태를 처음의 위치로 되돌린다. 자, 이제 상황을 정리해보자. 세 개의 추는 아까보다 한 층씩 높아진 상태로 선반에 각각 얹혀져 있고, 하나의 추는 바닥에 놓여 있다. 그런데 어찌 보면 이것은 좀 이상한 상황이다. 실제로 지레는 3개의 추를 들어 올렸지만, (a)와 (d)를 비교해보면 두 개는 그 자리에 가만히 있고 맨 아래에 놓여 있던 하나의 추만 4층 선반으로 올려진 형국이기 때문이다. 그러므로 이 지레는 1kg짜리 추 하나를 높이 $3X$만큼 들어올린 셈이다. 그런데, 만일 $3X$라는 높이가 1m를 초과한다면 그림 (e)에 그려진 화살표 방향을 따라 추의 역할을 바꾼 후에 $3X$ 높이에 있는 추를 1m까지 '추락시켜서' 또다시 지레를 작동시킬 수 있게 된다(f). 다시 말해서, 우리의 지레는 영구기관이 되는 것이다. 그러므로 $3X$는 결코 1m보다 높을 수 없다. 또, 이 지레의 기능을 역으로 뒤집어서 '세 개의 추를 이용하여 하나의 추를 들어 올리는 지레'로 사용한다면, 위와 비슷한 논리를 통해 '1m는 결코 $3X$보다 높을 수 없다'는 결론을 유도할 수 있다(우리의 지레는 '가역적' 기구임을 상기하라). 결국 지금까지의 결과를 종합하면 우리는 X=1/3m라는 하나의 법칙을 얻는다. 그리고 이 법칙은 아주 쉽게 일반화될 수 있다. 가역적 기구를 이용하여 1kg짜리 추를 어떤 높이 h만큼 내리면, $p$kg짜리 추를 h/p만큼 들어 올릴 수 있다. 방금 전의 예에서 3kg짜리 추는 1/3m 들어 올려졌고 1kg짜리 추는 1m 내려갔는데, 이들의 무게와 거리를 곱한 값은 모두 '1'로 동일하다. 조금 더 일반적으로 말하자면, 지레의 양 끝에 임의의 무게를 올려놓고 작동되기 전에 이들의 무게와 높이를 곱하여 모두 더한 값과, 지레의 작동이 끝난 후에 무게와 높이를 곱하여 모두 더한 값은 달라지지 않는다(추의 개수가 여러 개인 경우로 일반화해도 여전히 같은 결과가 얻어진다. 이것은 그다지 어려운 작업이 아니므로 생략한다).

무게와 높이를 곱하여 모두 더한 값을 우리는 '중력 위치에너지(gravitational potential energy)'라 부르는데, 이것은 임의의 물체와 지구 사이의 상대적 위치관계에 의해 나타나는 에너지로서, 물체가 지구로부터 너무 멀리 떨어져 있지 않은 경우에 한하여 다음과 같이 표현된다.

(물체의 중력 위치에너지) = (무게) × (높이) (4.3)

지금까지 우리의 논리는 아주 매끄럽고 아름답게 진행되어 왔다. 단 한 가지 문제가 있다면, 이것이 사실이 아닐 수도 있다는 점이다. 자연의 섭리는 우리의 논리를 따라 주지 않는다. 조금 심한 경우에는 논리적으로 불가능했던 영구기관이 실제로 존재할 수도 있는 것이다. 가정의 일부가 잘못되었을 수도 있고, 논리상의 실수를 범했을 수도 있다.

누가 알겠는가? 인간은 원래 실수와 친한 동물이다. 그래서 우리는 이론적으로 얻어진 결과를 다양한 방법으로 확인해야만 한다. 다행히도 위에서 얻어진 결론은 실험을 통해 사실임이 이미 확인되었다.

무언가와의 위치에 의해 크기가 결정되는 에너지를 통칭하는 말은 '위치에너지(potential energy)' 이다. 앞에서 다루었던 지레의 경우에는 중력에 의해 작동되기 때문에 '중력 위치에너지' 라고 불렀던 것이다. 만일 지레의 추를 하전입자로 대치시키고, 지레의 아랫부분에 커다란 하전체(전하를 띤 물체)를 갖다 놓은 상태에서 실험을 한다면, 이 상황에서 문제가 되는 에너지는 중력 위치에너지가 아닌 '전기적 위치에너지' 가 될 것이다. 에너지의 변화량은 물체에 작용한 힘과 물체가 이동한 거리의 곱으로 표현되며, 이것은 일반적으로 어느 경우에나 적용되는 원리이다.

$$(\text{에너지의 변화량}) = (\text{힘}) \times (\text{물체가 이동한 거리}) \qquad (4.4)$$

앞으로 이야기가 진행되면서 이런 종류의 에너지는 수시로 거론될 것이다.

에너지 보존법칙은 다양한 환경 속에서 앞으로 벌어질 상황을 예측할 때 매우 유용하게 써먹을 수 있다. 여러분은 고등학교 시절에 도르래와 지레에 관한 여러 가지 법칙들을 배웠을 것이다. 이제 여러분도 짐작하겠지만, 이 모든 법칙들은 모두 '동일한 사실을 조금 다르게 서술한 것' 에 불과하다. 그러므로 70여 개나 되는 법칙들을 모두 외우고

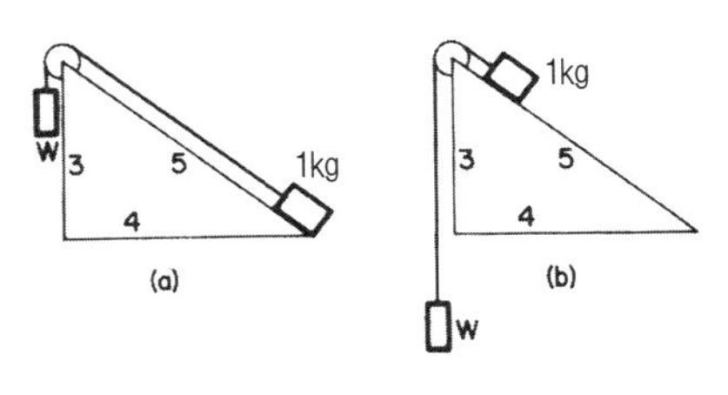

그림 4-3. 경사면

있을 필요가 없다. 간단한 예를 하나 들어보자. 여기 직각 삼각형 모양의 경사면이 있다. 각 변의 길이는… 다행히도 정확하게 3m, 4m, 5m이다(그림 4-3 참조). 이제, 경사면에 1kg짜리 물건을 올려놓고 거기에 실을 묶어 놓았다. 그리고 그 실은 삼각형의 모서리에 설치된 도르래를 통하여 아래로 늘어져 있으며, 그 끝에는 무게 *W*의 추가 매달려 있다. 여기서 우리의 질문은 다음과 같다. "이 상황에서 아무것도 움직이지 않고 평형을 이루려면 *W*는 몇 kg이 되어야 하는가?" 자, 이 문제는 어떻게 풀어야 할까? 주어진 상황에서 평형을 이룬다고 했으므로, 우리는 1kg짜리 물건의 위치를 경사면을 따라 '가역적으로' 이동시킬 수 있다. 그러므로 처음에는 1kg 추를 그림 4-3의 (a)처럼 바닥에 놓았다가 가역적 과정을 통해 그림 4-3의 (b)처럼 경사면의 꼭대기로 옮길 수도 있을 것이다. 이렇게 하면 결국 1kg의 추는 높이가 3m 증가했고, 무게 *W*의 추는 높이가 5m 감소한 셈이다. 그러므로 앞에서 얻은 법칙에 의해 $W=3/5kg$이라는 답이 쉽게 얻어진다. 지금 우리는 문제를 해결하기 위해 에너지 보존법칙만을 사용했을 뿐, 물체에 작용하는 힘에 대해서는 언급조차 하지 않았다. 힘의 성분들을 일일

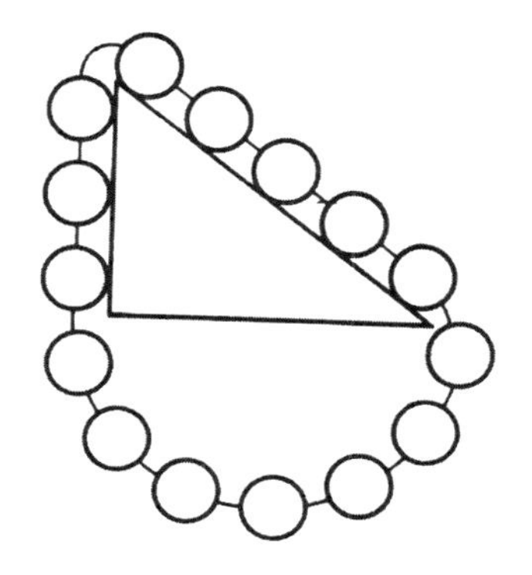

그림 4-4. 스테비누스의 묘비에 새겨진 그림

이 고려하지 않아도 이렇게 답을 얻을 수 있다. 이 정도면 꽤 훌륭한 답이지만, 스테비누스(Simon Stevinus, 1548~1620)가 발견하여 자신의 묘비에까지 새겨 넣은 해답은 훨씬 더 우아하다. 그가 제시한 답은 그림 4-4와 같다. 이 그림만 보면 W가 3/5*kg*이라는 것은 너무나도 자명하다. 왜냐하면 삼각형을 감고 있는 체인은 결코 스스로 돌아가지 않기 때문이다! 곡선을 그리며 늘어져 있는 부분은 자기 스스로 균형을 이루는 게 분명하므로 결국 빗면에 얹혀 있는 5개의 구슬과 수직면을 따라 매달려 있는 3개의 구슬이 평형을 이루어야 한다(그렇지 않으면 이 구슬체인은 스스로 돌아갈 것이다). 각 변의 길이가 지금과 다른 경우에도 구슬의 개수만 변할 뿐, 지금의 논리는 그대로 적용된다. 그러므로 그림 4-4로부터 W=3/5*kg*이라는 답이 명쾌하게 얻어지는 것이다(여러분도 묘비에 이 정도 수준의 비문을 남길 수 있다면 성공한 삶이라고 할 수 있을 것이다).

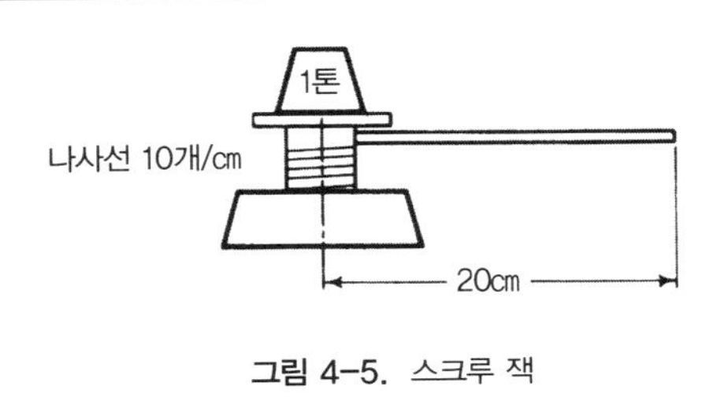

그림 4-5. 스크루 잭

이제 좀 더 복잡한 문제, 그림 4-5에 예시된 스크루 잭(screw jack) 문제에 도전해 보자. 손잡이의 길이는 20㎝이고, 스크루에는 1㎝당 10개의 나사선이 새겨져 있다. 이 기구로 1톤짜리 짐을 들어 올리려면 손잡이에 어느 정도의 힘을 가해야 할까? 1톤짜리 짐을 1㎝ 들어 올리려면 손잡이를 10번 돌려야 한다. 그리고 손잡이가 한 바퀴 돌면서 지나가는 원주의 길이는 대략 126㎝정도이다. 따라서 손잡이는 126×10=1260㎝의 거리를 이동해야 한다. 손잡이에 가해지는 힘의 크기를 *W*라고 했을 때, 앞에서 알게 된 원리에 의하면 1톤×1㎝ =*W*×1260*cm*이므로, *W*는 약 0.8kg이다(엄밀한 답은 0.8kg '중' 인데, 여기서 중은 중력가속도 9.8m/s^{2}이다. 그러나 저자는 무게를 표현하면서 편의상 이 값을 생략하고 있다. kg은 힘이나 무게의 단위가 아니라 질량의 단위이다: 옮긴이). 이것 역시 에너지 보존법칙으로부터 얻어진 결과이다.

한 걸음 더 나가서, 더욱 복잡해 보이는 그림 4-6의 문제를 풀어보자. 길이 8m인 막대의 한쪽 끝이 지지대로 받쳐져 있다. 막대의 중심에는 60kg의 물건이 놓여 있고, 지지대에서 2m 떨어진 곳에는 100kg

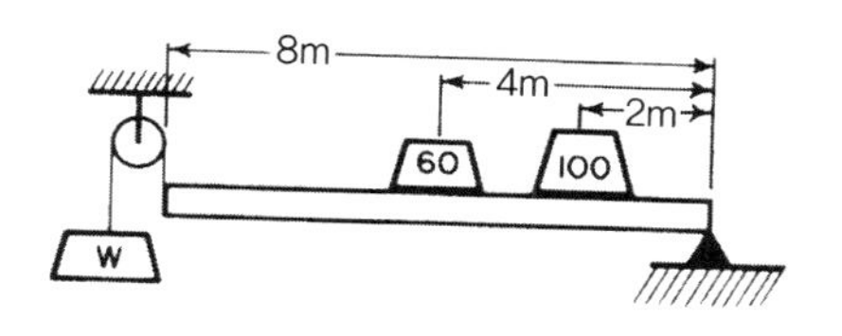

그림 4-6. 지지대에 한쪽 끝만 걸친 채로 하중을 받고 있는 막대

짜리 물건이 놓여져 있다. 막대 자체의 무게를 무시했을 때, 이 막대의 다른 쪽 끝을 들어서 수평상태를 유지하려면 어느 정도의 힘을 가해야 하는가? 우리가 힘을 가하는 쪽이 도르래에 매달려 있다고 가정해 보자. 그렇다면 이 문제는 다음과 같이 변형된다. 막대가 수평을 유지하려면 W는 얼마나 무거워야 하는가? 도르래에 매단 추 W가 4㎝ 내려갔다면, 간단한 비례식에 의해 60kg은 2㎝, 100kg은 1㎝ 위로 올라간다는 것을 알 수 있다. 그러므로 무게와 높이를 곱하여 모두 더한 값이 불변이라는 원리를 이용하면 다음과 같은 식이 얻어진다.

$$-4W + (2)(60) + (1)(100) = 0, \quad W = 55kg \tag{4.5}$$

즉, 도르래의 한쪽에 55kg짜리 추를 달아놓으면 막대는 수평을 유지하게 된다. 이 방법을 적절하게 응용하면 교각을 비롯한 복잡한 물체의 평형조건을 어렵지 않게 구할 수 있다. 이런 식의 접근 방법은 흔히 '가상적 일의 원리(principle of virtual work)' 라고 하는데, 그 이유는 논리를 적용할 때 실제로는 움직이지 않는 물체를 움직이는 것처럼 상상하여 해답을 유도해내기 때문이다.

운동에너지

다른 형태의 에너지를 보여주는 대표적인 사례로는 진자(pendulum)가 있다(그림 4-7). 진자를 한쪽으로 잡아 당겼다가 가만히 놓으면 좌우로 왕복운동을 하는데, 한쪽 끝에서 가운데로 이동하는 동안 진자의 높이는 감소한다. 즉, 중력 위치에너지가 감소하는 것이다. 그렇다면 감소한 에너지는 어디로 간 걸까? 진자가 가운데로 왔을 때 위치에너지는 감소하지만, 그래도 진자는 운동을 계속하여 반대쪽 끝으로 '올라간다.' 중력 위치에너지는 사라진 것이 아니라 다른 형태로 저장되어 있다가 진자의 높이가 상승할 때 다시 나타나는 것이다. 그러므로 진자의 높이가 점차 감소하면서 가운데로 오는 동안, 중력 위치에너지는 무언가 다른 형태의 에너지로 변화되는 것이 분명하다.

변형된 에너지는 진자의 '운동'에 의해 생성된다. 그러나 이런 심증

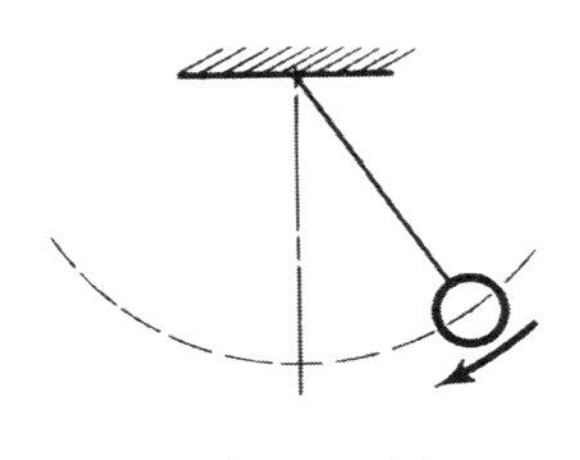

그림 4-7. 진자

만으로는 물리학이 될 수 없다. 우리는 그 에너지를 수식으로 표현할 수 있어야 한다. 앞에서 가역적 기구에 관하여 언급할 때, 바닥에서의 움직임은 어떤 무게를 위로 들어올리는 에너지를 갖고 있으며, 이것은 기구의 기계적 구조나 물체의 이동 경로와 전혀 무관하다는 점을 강조했었다. 그러므로, 우리는 개구쟁이 데니스의 장난감 블록처럼 무언가 이에 해당하는 수식을 찾을 수 있을 것이다. 위치에너지가 아닌 또 다른 형태의 에너지. 이것이 무엇인지 말로 표현하기는 쉽다. 바닥에서의 운동에너지(kinetic energy)는 물체의 무게(W)에다가 '지금의 속도로 미루어 볼 때 이 물체가 앞으로 올라갈 수 있는 높이(H)'를 곱하여 얻어진다. 이제 우리는 물체의 운동상태로부터 H를 결정하는 법칙만 찾으면 된다. 임의의 물체를 연직 상승방향으로 던져 올리면 그 물체는 손에서 떠날 때의 속도에 따라 어떤 특정 높이까지 이른 후에 다시 낙하하기 시작한다. 물론 지금은 최고 도달 높이를 계산하자는 게 아니다. 중요한 것은 이 높이가 물체의 출발 속도와 매우 밀접하게 관련되어 있다는 사실이다. 이들 사이에는 분명한 수학적 관계가 있다. V의 속도로 움직이는 물체의 운동에너지를 구하려면, 우리는 이 물체가 도달할 수 있는 최고 높이를 계산하여, 거기에 물체의 무게를 곱해야 한다. 그 결과는 다음과 같다.

$$\text{운동에너지(K.E)} = WV^2/2g \qquad (4.6)$$

물론, 물체의 운동 때문에 생긴 운동에너지는 중력장의 존재와 전혀 무관하다. 운동의 원인이 무엇이건 간에 일단 움직이기만 하면 그 물체는 무조건 운동에너지를 갖는다. 식 (4.6)은 V의 값에 상관없이 항상 성립하는 공식이다. 그런데 여기서 한 가지 짚고 넘어갈 것이 있다. 식 (4.3)과 (4.6)은 정확하게 맞아떨어지는 식이 아니라, '거의 비슷하게 맞는' 근사식이라는 점이다.

그 이유는, 첫째로 지구로부터 멀어질수록 중력이 작아지는데 식 (4.6)에 나타난 g는 상수로 취급되기 때문이며, 두 번째로는 물체의 속도가 매우 빠를 때에는 상대성이론에 입각한 수정이 가해지기 때문이다. 그러나 필요한 수정을 모두 가하여 에너지에 관한 '정확한' 식을 얻어낸 후에도 에너지 보존법칙은 여전히 성립한다.

다른 형태의 에너지

이런 식으로 우리의 논리를 확장해 가면, 다른 형태의 에너지를 계속해서 유추해 낼 수 있다. 우선 탄성에너지를 생각해보자. 용수철을 잡아당겨서 길이를 늘이려면 우리는 용수철에 반드시 일을 해주어야 한다. 늘어난 용수철은 물건을 들어올릴 수 있기 때문이다. 그러므로 길이가 늘어난 용수철은 무언가 일을 할 수 있는 능력을 갖고 있다. 용수철에 물건을 매단 상태에서 위로 들어올리면 우리의 팔이 해준 일만큼 물체의 위치에너지가 증가하지 않는다. 이 불일치를 해소하려면 용수철의 늘어난 상태가 고려된 어떤 양을 더해주어야 한다. 탄성에너지란, 용수철이 당겨져 있을 때(또는 수축되었을 때) 그 안에 저장된 에너지를 뜻한다. 그렇다면 얼마나 많은 에너지가 거기에 저장되어 있을까? 당겨진 용수철을 붙들고 있는 손을 놓으면 용수철이 원래의 평형지점을 지날 때 탄성에너지는 모두 운동에너지로 전환되며, 압축과 인장 상태가 주기적으로 반복되면서 운동에너지의 값도 이 주기를 따라 변하게 된다(용수철이 수직방향으로 진동할 때에는 중력도 한 몫을 한다. 중력까지 끼어들어 문제가 복잡해지는 것을 원치 않는다면 용수철을 평면에 눕혀놓았다고 생각하면 된다). 이렇게 왕복 운동을 하던 용수철은 시간이 지나면 평형지점에서 운동을 멈춘다. "아니, 용수철이 왜 운동을 멈춘다는 거지? 그러면 그동안 갖고 있던 에너지는 다 어디로 간 거야?" 이 시점에서 당연히 떠올려야 할 질문이다. 그렇다! 여러분이 경험을 통해 잘 알고 있듯이 진동하는 용수철은 시간이 지나면 반드시 멈춘다! 그렇다면, 보존된다던 에너지는 다 어디로 갔을까? 그것은 에너지의 또 다른 형태인 '열에너지(heat energy)'로 전환된다.

용수철이나 지레는 여러 개의 원자들로 이루어진 결정(crystal)구조를 갖고 있다. 한 물체가 다른 물체 위를 굴러갈 때, 이 결정구조는(특히 접촉면에서) 외부의 충격을 받아 어쩔 수 없이 움직이게 된다. 엄청난 주의를 기울여 아무리 조심스럽게 굴린다 해도, 접촉면에서 원자의 요동을 진정시킬 수는 없다. 그런데 이런 종류의 요동은 물체의 내부에서 일어나기 때문에 에너지의 존재가 눈에 보이지는 않는다. 물체의 운동이 스스로 정지되었을 때, 사실 물체의 내부에서는 수많은 원자들이 여전히 복잡한 운동을 계속하고 있다. 즉, 물체의 내부에 운동에너지가 여전히 존재하는 것이다. 그러나 이 운동에너지는 '눈에 보이는' 운동 때문에 생긴 것이 아니다. "꿈같은 말만 하시는군요! 물체의 내부에 운동에너지가 있다는 것을 무슨 수로 안다는 말입니까?" 역시 좋은 질문이다. 원자의 운동은 너무 작아서 속도를 측정할 방법도 없거니와, 그 많은 원자들의 운동을 일일이 계산하여 더할 수도 없다. 그러나 다른 방법이 있다. 온도계로 용수철이나 지레의 온도를 재는 것이다! 운동이 끝난 용수철은 운동 전보다 분명히 따뜻하게 데워져 있을 것이다. 이것이 바로 용수철의 내부에 운동에너지가 존재한다는 증거이며, 운동하기 전보다 운동에너지가 증가했다는 뜻이기도 하다. 우리는 이것을 '열에너지'라 부르지만, 사실 열에너지는 새로운 형태의 에너지가 아니다. 그것은 물체의 내부에서 일어나는 운동으로부터 생성된 운동에너지인 것이다(거시적인 규모에서 실험을 할 때 우리가 흔히 겪는 어려움은 에너지 보존법칙을 실험적으로 증명하기가 매우 어렵다는 것과, 가역적인 기구를 실제로 만들 수가 없다는 것이다. 덩치가 큰 물체를 옮길 때 아무리 조심한다 해도 내부의 원자들은 교란될 수밖에 없으며 결국 원자들은 특정량의 운동에너지를 가질 수밖에 없다. 우리는 이 에너지를 눈으로 볼 수 없지만, 온도계를 이용하여 간접적으로 측정할 수는 있다).

다른 형태의 에너지들은 아직도 많이 있지만, 지금은 여러분에게 자세한 이야기를 할 수가 없다. 하전입자의 인력/척력에 관여하는 것은 전기에너지이며, 빛의 에너지에 해당되는 복사에너지(빛은 전자기장의 요동으로 설명되므로, 복사에너지는 전기에너지의 한 형태로 이해될 수 있다), 화학반응 과정에서 방출되는 화학에너지도 모두 에너지이다. 어떤 면에서 보면 탄성에너지는 화학에너지의 일종으로 간주할 수 있다. 왜냐하면 화학에너지란 원자들끼리 서로 끌어당기는 힘으로부터 비롯된 것이고, 탄성에너지 역시 근원이 같기 때문이다. 화학에너지에 대한 현대 물리학의 이해 수준은 다음과 같다. 화학에너지는 크게 두 가지로 나눠지는데, 하나는 원자 내부에 있는 전자의 운동에 의한 운동에너지이며, 다른 하나는 전자와 양성자의 상호작용에 의한 전기에너지이다. 여기서 한걸음 더 나아가 원자핵 속으로 들어가 보면, 양성자와 중성자의 결합과 관계된 핵에너지가 있는데, 이를 수학적으로 표현하는 방법은 알고 있지만 근본적인 법칙은 아직 미지로 남아있다. 핵자들(양성자와 중성자)을 단단히 묶어두고 있는 힘의 원천은 전기력이나 중력도 아니고, 순전히 화학적인 성질에서 비롯된 것도 아니기 때문에 전혀 다른 종류의 에너지로 취급되어야 한다. 마지막으로 상대성이론에 의하면 운동에너지에 관한 법칙이 수정되어야 하는데, 이렇게 수정된 운동에너지는 '질량에너지(mass energy)'와 밀접하게 연관된다. 모든 물체는 그저 '존재한다는 것' 만으로 나름대로의 에너지를 갖고 있다. 예를 들어, 전자와 양전자가 정지상태로 조용히 있다가 서로 가까이 접근하면서 돌연 사라져 버리는 경우가 있는데, 이 때 이들은 그냥 사라지는 것이 아니라 특정량의 복사 에너지를 방출한다. 그리고 우리는 이 값을 정확하게 계산할 수 있다. 전자와 양전자의 질량만 알면 된다. 반드시 전자와 양전자일 필요는 없다.

두 개의 물체가 결합하여 사라지면, 거기에는 항상 에너지가 남는다. 질량과 에너지의 관계, 즉 $E=mc^2$를 처음 알아낸 사람은 바로 아인슈타인이었다.

지금까지 들었던 예로부터 알 수 있듯이, 에너지를 수학적으로 표현하지 못하는 상황에서도 에너지 보존법칙은 주어진 물리계를 분석하는데 엄청나게 유용하다. 만일 우리가 각종 에너지를 표현하는 수학 공식들을 완전히 꿰차고 있다면, 세부사항을 일일이 따지지 않고서도 얼마나 많은 과정을 거쳐야 답을 얻어낼 수 있는지 미리 짐작할 수 있을 것이다. 그래서 에너지 보존법칙은 우리에게 매우 흥미로운 대상이다. 그렇다면, 에너지 말고 다른 보존법칙은 없을까? 에너지 보존법칙과 유사한 것으로는 두 개의 보존법칙이 더 알려져 있다. '선 운동량 보존법칙(linear momentum conservation)' 과 '각 운동량 보존법칙(angular momentum conservation)' 이 그것이다. 이들에 관한 자세한 이야기는 나중에 따로 하게 될 것이다. 사실, 우리는 아직도 에너지 보존법칙을 깊이 이해하지 못하고 있다. '에너지 보존' 이라는 말 자체가 아직도 모호한 구석을 갖고 있는 것이다. 대체 에너지는 왜 보존되어야만 하는가? 우리는 에너지를 작은 덩어리의 집합으로 이해하고 있지 않다. 여러분은 광자가 작은 알갱이이며, 광자 하나가 갖는 에너지는 플랑크 상수에 진동수를 곱한 값이라고 어디선가 들었을지도 모른다. 물론 맞는 말이다. 그러나 빛의 진동수는 어떤 값이든 가질 수 있기 때문에 에너지가 어떤 특정 값이 되어야 한다는 법칙은 어디에도 없다. 개구쟁이 데니스의 블록과는 달리 지금까지 알려진 바에 의하면 에너지는 어떤 값이든 가질 수 있다. 그래서 우리는 에너지를 '주어진 순간에 어떤 특정량을 세는 수단'으로 간주하지 않고, '수학적으로 정의되는 추상적인 양' 정도로 이해하고 있다. 양자역학에서 에너지 보존법칙은 독특한 방식으로 유도된다. 즉, "모든 물리 법칙은 시간에 따라 변하지 않는다"는 가정을 내세우면, 이로부터 에너지 보존법칙이 자연스럽게 유도되는 것이다. 어느 특정시간에 실험장치를 세팅해 놓고 실험을 한 뒤에 동일한 실험을 다른 시간에 다시 되풀이 했다면, 두 실험에서 얻어진 결과는 과연 일치할 것인가? 지금의 물리학 수준으로는 확답을 내릴 수가 없다. 그러나 일단 이것을 사실로 받아들이고 거기에 양자역학의 원리들을 추가하면 에너지 보존법칙을 유도해낼 수가 있다. 이것은 아주 미묘하고 재미있는 문제로서, 말로 설명하기가 쉽지 않다. 다른 두 개의 보존법칙 역시 이와 비슷한 성질을 갖고 있는데, 선 운동량 보존법칙은 "실험장소를 어디로 정하건, 동일 조건하에서의 실험결과는 모두 같다"는 가정으로부터 유도된다. 물리법칙의 시간에 대한 불변성이 에너지 보존법칙을 낳은 것처럼, 위치에 대한 불변성이 선 운동량 보존법칙을 낳은 것이다. 그리고 마지막으로 "물리계를 바라보는 각도를 아무리 바꾸어도 물리법칙은 불변이다"라는 가정을 세우면, 각 운동량 보존법칙이 유도된다(여기서 말하는 '각도'란 관점을 나타내는 모호한 말이 아니라, 문자 그대로 공간상의 각도를 의미한다: 옮긴이). 이들 이외에도 세 종류의 보존법칙이 더 있는데, 이들은 블록을 세는 것과 비슷한 개념이기 때문에 앞의 세 개보다는 이해하기가 훨씬 쉽다.

첫 번째는 전하 보존법칙(conservation of charge)이다. 간단히 말하자면 양전하의 합에서 음전하의 합을 뺀 양이 불변이라는 법칙인데, 주어진 전체 전하들 중에서 동일한 양의 양전하와 음전하를 제거시킨 후에 이 법칙을 적용해도 여전히 성립한다. 두 번째는 바리온 보존법칙(conservation of baryons)이다. 바리온(중입자)은 희한한 성질을 가진 입자인데, 구체적인 설명은 기회가 있을 때 다시 하기로 하고, 지금은 양성자와 중성자가 바리온의 대표적 사례라는 것만 알아두기 바란다. 자연에서 일어나는 모든 반응은 반응과정에 '입장'한 바리온의 수와 '퇴장'한 바리온의 수가 항상 같게끔 일어난다는 것이 이 보존법칙의 내용이다(바리온의 반입자 즉, 반-바리온은 −1개로 센다). 마지막으로 렙톤 보존법칙(conservation of leptons)이 있다. 렙톤(경입자)에는 전자와 뮤온(뮤-중간자), 그리고 뉴트리노가 있다. 이 법칙 역시 반응 과정에 입장한 렙톤의 수와 퇴장한 렙톤의 수가 항상 동일하다는 내용인데, 아직까지는 사실로 인정받고 있다(전자의 반입자인 양전자는 −1개로 센다).

자연에는 이렇게 여섯 가지의 보존법칙이 존재한다. 이들 중 셋은 아주 미묘한 내용으로 시간-공간과 밀접한 관계가 있고, 나머지 셋은 조약돌을 세는 것처럼 단순하다.

에너지의 총량이 보존되는 것은 분명하지만, '사용 가능한' 에너지를 얻는 것은 이것과 전혀 별개의 문제이다. 예를 들어, 바닷물을 이루고 있는 원자들은 끊임없이 움직이고 있지만 다른 곳에서 별도의 에너지를 빌려오지 않고서는 이 에너지를 특정한 운동으로 바꿀 수는 없다. 에너지가 아무리 보존된다 해도, 인간생활에 필요한 에너지는 쉽게 보존되지 않는다. 유용한 에너지의 양을 계산하는 법칙이 바로 '열역학 법칙' 인데, 여기에는 비가역적 열역학 과정을 설명하는 '엔트로피(entropy)' 의 개념이 도입되어 있다.

마지막으로, 오늘날 우리가 사용할 수 있는 에너지원에 대해 잠시 언급하고자 한다. 우리는 태양과 비, 석탄, 우라늄, 수소 등으로부터 에너지를 얻고 있다. 그리고 비와 석탄은 태양의 작품이다. 따라서 이 두 가지 에너지도 결국 태양으로부터 온 것이다. 물리적으로 에너지는 분명히 보존되지만, 자연은 그런 법칙 따위에 별로 관심이 없는 것 같다. 태양에서 방출된 에너지 중 지구에 도달하는 것은 겨우 20억 분의 1에 불과한데도, 자연은 그 쥐꼬리만한 에너지를 모든 방향으로 소비하고 있는 것이다. 우리는 우라늄과 수소로부터 에너지를 얻어낼 수 있지만 아직은 이 에너지를 폭탄처럼 파괴적인 용도에만 사용하고 있다. 만일 열핵반응과정을 제어할 수만 있다면 1분당 150갤론씩의 물로부터 미국 전역에서 생산하는 양의 전력을 얻을 수 있다! 그러므로 미래의 에너지 문제를 해결할 열쇠는 거의 물리학자가 쥐고 있다 해도 과언이 아닐 것이다. 에너지 문제는 반드시 해결되어야 하고, 또 해결될 수 있는 문제이다.

바닷가에서 저글링 놀이를 하고 있는 리처드 파인만

제 5 강
중력

행성의 운동

이 장에서는 하나의 사례를 통해 인간의 지적 능력이 얼마나 대단한 것인지를 설명하고자 한다. 인간의 지성이 뛰어나다고 경탄만 할 게 아니라, 가끔씩은 우리 인간이 알아낸 법칙에 따라 아름답고 우아하게 돌아가는 자연을 관망하는 자세도 필요하다. 특히, 범우주적으로 일사불란하게 적용되는 중력의 법칙은 아름답다 못해 장엄하기까지 하다. 대체 어떤 법칙이길래 이렇게 서두가 요란할까? 이 우주 안에 존재하는 모든 물체들은 다른 물체를 무조건 끌어당기는 성질이 있는데, 그 힘의 크기는 두 물체의 질량의 곱에 비례하고 둘 사이의 거리의 제곱에 반비례한다. 이것이 전부이다. 이 얼마나 간단명료한가! 수학의 언어를 빌려 중력법칙을 다시 표현하면 다음과 같이 더욱 간단해진다.

$$F = G\frac{mm'}{r^2}$$

여기에 또 한 가지의 사실, 즉 임의의 물체에 힘이 가해지면 그 물체는 힘의 방향을 따라 자신의 질량에 반비례하는 가속도를 냄으로써 외부의 힘에 반응을 보인다는 사실을 추가하면 필요한 정보는 다 주어진 거나 다름없다. 똑똑한 수학자라면 이 두 가지의 원리로부터 모든 결론을 유추해낼 수 있을 것이다. 그러나 잘나가는 수학자와 여러분을 비교하는 것은 아무래도 무리라고 생각되어, 좀 더 자세한 설명을 추가하고자 한다. 달랑 두 개의 원리만 던져놓고 '알아서 이해하라' 고 다그치지는 않겠다는 뜻이다. 앞으로 우리는 중력법칙의 발견과 관계된 역사적 배경을 간략하게 훑어본 후에, 중력법칙이 낳은 결과들과 그것이 인류의 역사에 미친 영향, 그리고 중력과 관련된 미스터리들을 순차적으로 논하게 될 것이다. 이 작업이 모두 완료된 후에는 아인슈타인에 의해 수정된 최신 버전의 중력이론을 소개할 예정이며, 아울러 중력법칙과 여타의 물리법칙들 사이의 관계에 대해서도 약간의 설명이 추가될 것이다. 물론, 이 모든 내용을 단 하나의 장에 담을 수는 없다. 미진한 내용은 후에 이와 관련된 이야기가 나올 때마다 반복해서 다루어질 것이다.

중력에 관한 이야기는 행성의 운동을 관측하던 고대인들로부터 시작된다. 그들은 행성이 태양의 주위를 돌고 있다고 생각하였으며, 이 사실은 훗날 코페르니쿠스에 의해 재확인되었다. 그러나 행성들이 태양을 중심으로 공전하는 이유와 그 정확한 궤적을 알아내기까지 과학자들은 더욱 많은 노력을 기울여야 했다. 15세기로 접어들면서 행성의 공전 여부는 또다시 도마 위에 올라 많은 논쟁을 야기했는데, 케플러의 스승이었던 티코 브라헤는 그 동안 제시되었던 이론들과 전혀 다른 새로운 시각으로 이 문제에 접근을 시도하였다. 그는 행성의 위치를 정확하게 관측하여 충분한 양의 데이터가 얻어지기만 하면, 이와 관련된 모든 논쟁에 종지부를 찍을 수 있다고 생각했던 것이다. 관측 결과로부터 행성의 운동 궤적이 정확하게 알려지면, 전혀 새로운 이론이 탄생할 수도 있는 상황이었다. 이것은 당시로서는 정말 엄청난 아이디어였다. 무언가를 알아내기 위해 철학적 공론을 들먹이는 것보다는 정밀한 실험(관측)으로부터 결론을 유추하는 것이 훨씬 낫다는 게 브라헤의 지론이었던 것이다.

그는 코펜하겐 근처의 벤(Hven)섬에 있는 한 관측소에서 오랜 세월 동안 기거하면서 행성의 운동에 관하여 방대한 양의 관측 데이터를 얻었으나, 안타깝게도 자료를 분석할 수 있을 만큼 오래 살지 못했다. 그래서 브라헤의 관측자료는 그의 제자인 수학자 케플러에게 고스란히 넘어갔고, 케플러는 그 방대한 자료들로부터 매우 아름답고 간결한 '행성의 운동법칙' 을 알아낼 수 있었다.

케플러의 법칙

케플러가 알아낸 첫 번째 사실은 행성들의 궤적이 타원형이며, 타원의 내부에 있는 두 개의 초점 중 한 곳에 태양이 위치하고 있다는 것이었다. 타원은 단순히 찌그러진 원이 아니라 수학적으로 엄밀하게 정의된 도형이다. 종이 위에 두 개의 핀을 적당한 간격으로 꽂고, 두 개의 핀 사이를 실로 연결한 후에(이 때, 실의 길이는 핀의 간격보다 길어야 한다) 연필로 실을 팽팽하게 잡아당기면서 그려나간 도형이 바로 타원이다. 수학적으로는 '평면 위의 두 정점으로부터 거리의 합이 일정한 점들의 집합'으로 정의되어 있다. 비스듬한 각도에서 원을 바라보았을 때 눈앞에 나타나는 도형도 역시 타원이다(그림 5-1).

케플러가 두 번째로 알아낸 사실은 태양 주위를 공전하는 행성의 속도가 일정하지 않다는 것이었다. 즉, 태양과 거리가 가까울 때는 공전속도가 빨라졌다가 태양과 거리가 멀어지면 공전속도가 느려진다는 것인데, 좀 더 정확하게 서술하자면 다음과 같다. 행성의 위치를 1주

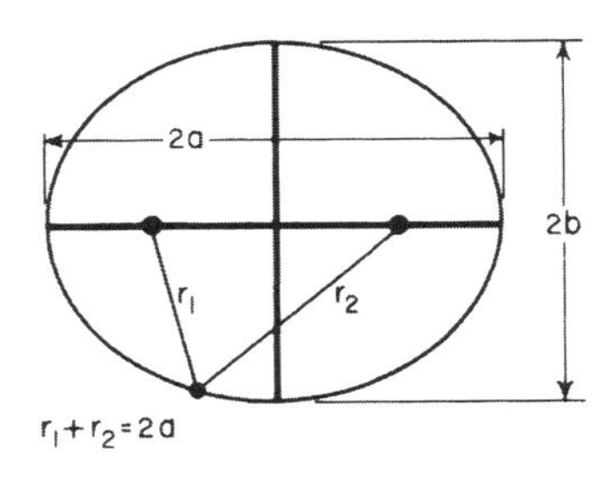

그림 5-1. 타원

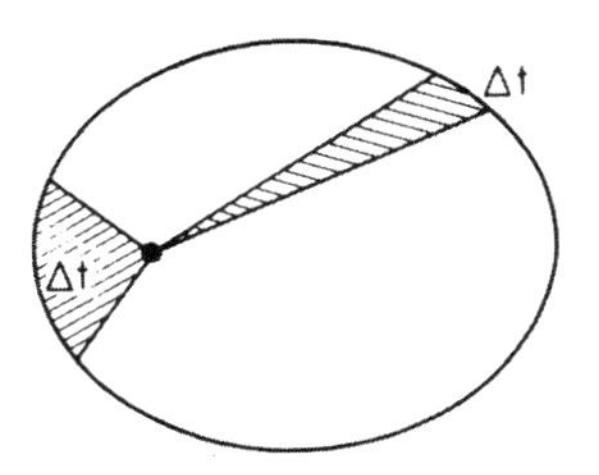

그림 5-2. 케플러의 면적 법칙

일 동안 관측하는 실험을 1년 중 서로 다른 계절에 두 차례에 걸쳐 실시했다고 가정해보자. 이제, 관측 결과를 토대로 태양과 행성을 잇는 반경벡터(태양과 행성을 잇는 선분이라고 생각하면 된다)를 그리면, 그림 5-2와 같이 두 개의 부채꼴 도형이 얻어진다. 그런데, 케플러는 이 부채꼴의 면적이 '항상' 똑같다는 사실을 알아냈다. 다시 말해서, 행성의 공전 속도는 '일정기간 동안 반경벡터가 쓸고 지나간 면적이 항상 동일해지도록' 수시로 변한다는 뜻이다. 이렇게 되려면 행성은 태양과 가까울 때 빠르게 움직이고, 태양과 멀어졌을 때에는 느리게 움직여야 한다.

케플러의 **세 번째 법칙**은 앞의 두 개보다 훨씬 후에 발견되었는데, 이것은 하나의 행성을 다른 행성과 연관시켜주기 때문에 앞서 말한 두 개의 법칙과는 그 성질이 사뭇 다르다. 이 법칙에 의하면, **임의의 행성의 공전주기와 공전궤도의 크기는 서로 밀접하게 연관되어 있다.** 구체적으로 말하자면 행성의 공전주기는 궤도 크기의 3/2승에 비례한다. 여기서 주기(period)는 행성이 태양의 주변을 한 바퀴 돌아서 다시

원위치로 돌아올 때까지 소요되는 시간이며, 궤도의 크기는 타원의 긴 쪽으로 잰 지름으로서 수학 용어로는 장축(major axis)이라고 한다. 좀 더 간단하게 말하면, 행성의 궤도를 원으로 간주했을 때(사실 대부분의 경우 원에 가깝다) 한 바퀴 도는 데 걸리는 시간, 즉 주기는 궤도의 지름(또는 반지름)의 3/2승에 비례한다는 뜻이다. 이리하여 케플러의 법칙은 다음과 같이 요약된다.

Ⅰ. 모든 행성은 타원궤도를 따라 움직이고 있으며, 타원의 초점 중 한 곳에 태양이 위치한다.

Ⅱ. 태양과 행성을 잇는 반경벡터는 같은 시간 동안 같은 면적을 쓸고 지나간다.

Ⅲ. 행성의 공전 주기(T)는 궤도의 장축(a)의 3/2승에 비례한다: $T \sim a^{3/2}$

동력학의 발전

케플러가 행성의 운동에 관한 세 개의 법칙을 발견하는 동안, 갈릴레오는 일반적인 운동의 법칙을 연구하고 있었다. 당시에 제기되었던 가장 커다란 의문은 "무엇이 행성을 공전하게 만드는가?" 하는 것이었다(그 무렵에 제시되었던 이론 중 하나는 '눈에 보이지 않는' 천사들이 날개를 펄럭이며 뒤에서 행성을 밀어 앞으로 진행하게 만든다는 황당무계한 가설이었다. 여러분은 이제 이 이론이 수정되었음을 명백히 보게 될 것이다! 행성이 곡선운동을 하려면 보이지 않는 천사들은 계속해서 날아가는 방향을 바꿔야 한다. 그리고 행성 근처에서 날개를 가진 비행물체가 발견된 사례는 지금까지 단 한번도 보고 된 적이 없다. 그러나 이것만 눈감아 준다면 지금의 이론은 천사이론과 아주 비슷하다!). 갈릴레오는 운동에 관하여 매우 놀라운 사실을 발견하였고, 그것은 케플러의 법칙을 이해하는 데 결정적인 단서가 되었다. 바로 '관성'의 법칙이었다. 만일 어떤 물체가 외부로부터 아무런 영향도 받지 않은 채로 움직이고 있다면, 그 물체는 지금의 빠르기와 진행방향을 유지하면서 영원히 직선운동을 하게 된다(왜 그럴까? 우리는 아직도 그 이유를 모르고 있다. 하지만 어쨌거나 모든 물체는 그런 식으로 움직인다).

뉴턴은 이 아이디어에 약간의 변형을 가하여 "물체의 운동상태를 바꾸는 유일한 방법은 그 물체에 힘을 가하는 것이다"라고 표현하였다. 만일 물체의 속도가 증가했다면 그것은 물체가 운동하는 방향으로 힘이 가해졌다는 뜻이며, 물체의 운동방향이 바뀌었다면 힘이 삐딱한 방향으로 가해졌음을 의미한다. 뉴턴은 이러한 논리를 이용하여 "힘은 물체의 이동속도나 진행방향을 변경시킨다"는 결론을 내렸다. 예를 들어, 실 끝에 돌멩이를 매달아 빙글빙글 돌릴 때 돌멩이가 계속 돌아가게 하려면 거기에 힘을 가해야 한다. 즉, 실을 쥐고 있는 손에 힘을 주어 끈을 '잡아당겨야' 하는 것이다. 뉴턴이 발견한 법칙에 의하면 물체에 힘을 가하여 발생한 가속도의 크기는 그 물체의 질량에 반비례하며, 이를 달리 표현하면 힘은 물체의 질량과 가속도의 곱에 비례한다고 말할 수 있다. 따라서 똑같은 가속도를 얻으려면 질량이 큰 물체에 더욱 큰 힘을 가해야 한다(방금 전과 동일한 실에 다른 돌멩이를 묶어 놓고 똑같은 속도로 돌리는데 필요한 힘을 측정하면, 새로 매달린 돌의 질량을 구할 수 있다. 무거운 물체일수록 돌리는데 많은 힘이 소요된다). 이로부터 얻어지는 멋진 결론이 하나 있다. 행성이 원궤도(타원궤도)를 유지하는데 접선방향의 힘은 전혀 필요하지 않다는 것이다. 행성에 가해지고 있는 힘이 어느 날 갑자기 사라진다면, 행성은 그 순간부터 접선방향으로 진행할 것이다(그러므로 천사들은 굳이 접선방향으로 행성을 밀 필요가 없다. 진정 접선방향으로 몰고 가기를 원한다면 날갯짓을 중지하고 가만히 내버려두면 된다). 따라서 행성이 태양의 주변을 공전하기 위해서는 원궤도의 방향으로 작용하는 힘이 아니라, 바로 태양 쪽을 '향하여' 작용하는 힘이 필요하다. 이것은 뉴턴의 제 1법칙, 즉 '관성의 법칙'으로 설명될 수 있다(만일 태양 쪽으로 가해지는 힘이 존재한다면, 15세기의 천문학자들이 말했던 천사란 다름 아닌 태양이다!).

뉴턴의 중력(만유인력)법칙

뉴턴은 운동의 법칙을 완벽하게 이해한 최초의 인간이었다. 그는 자신의 이해를 바탕으로 "모든 행성들의 운동을 관장하고 제어하는 것은 태양이다" 라는 놀라운 결론에 이르게 되었다. 이 놀라운 천재 물리학자는 케플러의 두 번째 법칙, 즉 행성이 같은 시간동안 동일한 면적을 쓸고 지나간다는 관측 결과를 수학적 논리로 증명하는데 성공했다. 그것은 바로 "행성에 가해지는 모든 힘은 오로지 태양을 향하는 방향으로만 작용한다"는 가설로부터 자연스럽게 유도되는 결과였던 것이다(여러분은 곧 이 사실을 증명할 수 있게 될 것이다).

그 다음으로 케플러의 세 번째 법칙을 분석해보면, 행성의 거리가 멀어질수록 작용하는 힘은 약해진다는 것을 어렵지 않게 알 수 있다. 태양까지의 거리가 서로 다른 두 개의 행성을 비교한 결과, 행성에 작용하는 힘은 태양까지의 거리의 제곱에 반비례한다는 사실이 알려졌다. 뉴턴은 이 두 가지 법칙을 적절히 결합하여 "임의의 두 물체 사이에는 물체를 잇는 선분 방향을 따라 서로 잡아당기는 힘이 작용하며, 힘의 크기는 두 물체 사이 거리의 제곱에 반비례한다"는 또 하나의 결론을 유도해 낼 수 있었다.

뉴턴은 주어진 하나의 사실을 일반화시키는 데에도 천재적인 능력을 갖고 있었다. 그는 이러한 성질이 행성과 태양뿐 아니라 더욱 광범위하게 적용된다는 것을 간파했던 것이다. 당시에도 목성의 위성은 망원경으로 관측되어 그 존재가 이미 알려져 있었으며, 마치 지구의 달처럼 목성의 주위를 공전하고 있다는 것도 잘 알려져 있었다. 뉴턴은 태양–행성의 운행법칙이 여기에도 적용된다는 사실을 간파했으며, 또한 지구가 우리를 잡아당기는 힘까지도 이와 동일한 맥락에서 이해될 수 있다고 생각하였다. 결국 뉴턴은 신중한 사고 끝에 "모든 물체는 다른 모든 물체를 끌어당기고 있다"는 범우주적 법칙을 발견하기에 이른다.

그 다음으로 해결해야 할 문제는 지구가 사람을 당기는 힘과 달을 당기는 힘이 동일한 법칙 하에 작용되고 있는지를 확인하는 일이었다. 이 힘은 정말로 거리의 제곱에 반비례하여 작아지는가? 지구 표면 근처에 있는 어떤 물체가 자유낙하를 시작한 1초 만에 16피트만큼 떨어졌다면, 달은 1초 동안 몇 피트나 떨어질 것인가?(MKS 단위계에 익숙한 독자들에게는 죄송하지만, 간단한 숫자로 떨어지는 경우에는 미국식 단위계를 원문 그대로 따르기로 하겠다. 참고로, 1피트는 약 0.3m, 1마일은 약 1.6km, 1인치는 2.54cm이다: 옮긴이) 여러분은 달이 전혀 지구로 떨어지지 않는다고 생각할지도 모른다. 달에 작용하는 힘이 전혀 없다면 달은 지구 주위를 공전하지 않고 곧바로 직선운동을 하게 될 것이다. 그러나 달은 실제로 원운동을 하고 있으므로, 원궤도와 직선궤의 차이를 생각해보면 달은 매 순간마다 지구를 향하여 '떨어지고' 있는 셈이다. 지구로부터 달까지의 거리는 약 240,000마일이고 달의 공전주기는 약 29일이니까, 이로부터 우리는 달이 1초 동안 떨어지는 거리를 계산할 수 있다(즉, 1초 전에 달이 있던 위치에서 궤도에 접하는 접선을 하나 긋고, 그로부터 1초 후 — 현재 달의 위치를 찍은 다음 이 지점으로부터 접선까지의 거리를 재면 된다). 계산을 해보면 이 거리는 대략 1/20인치 정도인데, 이것은 중력이 거리의 제곱에 반비례한다는 가설과 매우 정확하게 들어맞는 결과이다. 왜냐하면 지구의 중심으로부터 4,000마일 떨어져 있는 물체가 1초에 16피트

떨어졌다면(지구의 반경은 4,000마일이다), 이보다 60배나 먼 240,000마일 바깥의 물체는 1초당 16피트×1/3,600 만큼 떨어져야 하는데, 이 값이 거의 1/20인치이기 때문이다. 뉴턴은 새로운 데이터로 계산을 다시 수행하여 자신의 이론이 맞다는 것을 멋지게 증명할 수 있었다.

달은 지구 주변을 공전하면서 항상 같은 거리를 유지하고 있기 때문에, 달이 '떨어진다'는 말은 여러분에게 다소 혼란스럽게 들릴지도 모르겠다. 그러나 이 아이디어는 '중력'과 '운동'의 의미를 이해하는데 매우 중요한 개념이므로, 다시 한번 설명하기로 한다. 만일 달과 지구 사이에 중력이 작용하지 않는다면, 달은 원운동을 하지 않고 그냥 직선궤도를 따라 영원히 진행할 것이다. 그러나 실제로는 중력에 의한 원운동을 하고 있으며, 이 원궤도는 직선궤도와 비교할 때 분명히 지구를 향해 '떨어지는' 방향으로 진행되기 때문에 떨어진다는 표현을 사용했던 것이다. 지구의 표면에서 하나의 예를 들어보자. 지표면 근처에서 자유낙하하는 물체는 처음 1초 동안 약 4.9m 정도 떨어진다.

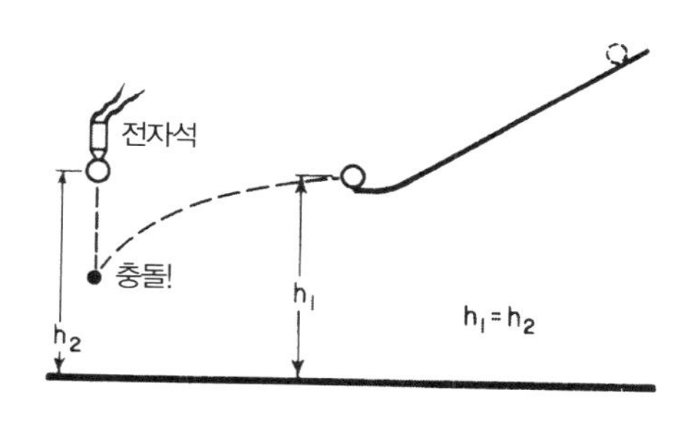

그림 5-3. 수직운동과 수평운동이 서로 별개의 운동임을 보여주는 실험장치

그리고 수평으로 발사된 물체(총알이나 포탄 등) 역시 처음 1초 동안 수직 방향으로 4.9m 가량 떨어진다. 이 상황은 그림 5-3에 잘 표현되어 있다. 수평레일을 달리는 구슬은 높은 곳에서 출발했기 때문에 레일을 이탈한 후에도 계속 앞으로 진행하면서 추락할 것이다. 그리고 수평레일과 동일한 높이에 또 하나의 구슬이 전자석에 부착되어 있는데, 앞의 구슬이 수평레일을 이탈하는 순간에 전원공급이 차단되어 수직방향으로 자유낙하 하도록 설계되어 있다. 자, 이런 상황에서 두 개의 구슬이 허공을 가르며 추락한다면 결과는 어떻게 될 것인가? 실험장치에 하자가 없는 한, 이 두 개의 구슬은 어김없이 공중에서 충돌한다. 이들은 같은 시간동안 동일한 거리만큼 '떨어지기' 때문이다. 총알과 같이 속도가 빠른 물체는 1초 동안 매우 먼 거리를 날아가지만(약 500~600m) 수평방향으로 발사된 총알이라면 여전히 처음 1초 사이에 4.9m '떨어질' 것이다. 총알의 속도를 더욱 빠르게 하면 어찌될 것인가? 지구의 표면은 둥글다 즉, 곡선의 형태로 휘어져 있다. 따라서 총알의 발사속도가 충분히 빠르면 날아가는 동안 4.9m를 추락했다 하더라도 처음 발사되던 순간의 고도를 계속 유지할 수 있다. 이 경우에도 총알은 여전히 '떨어지고' 있지만, 떨어지는 총알의 궤적을 따라 지구의 표면이 '휘어져' 있기 때문에 고도가 유지되는 것이다. 그렇다면, 지표면과의 고도를 일정하게 유지하면서 영원히 앞으로 나아가려면, 초기에 어느 정도의 속도로 발사되어야 할까? 그림 5-4에는 반경 6,400㎞의 지구와, 지구상의 한 지점에서 발사된 총알의 직선궤적(중력이 없는 경우)이 접선방향으로 그려져 있다. 여기에 간단한 기

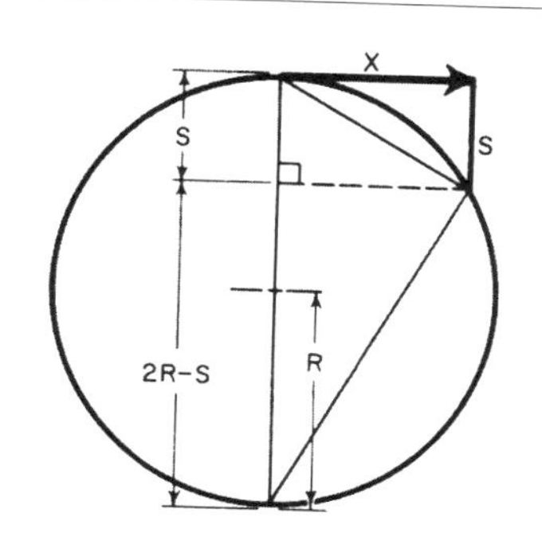

직각삼각형의 닮음비를 이용하여,

$$\frac{X}{S} = \frac{2R-S}{X} \cong \frac{2R}{X}$$

R = 지구의 반경(약 6,400㎞)
X = 1초 동안 물체가 진행한 수평거리
S = 1초 동안 물체가 '떨어진' 높이(4.9m)

그림 5-4. 원궤도의 중심방향으로 작용하는 가속도. 간단한 기하학을 이용하면 X/S = (2R-S)/X ≅ 2R/X 임을 증명할 수 있다. 여기서 R은 지구의 반경(6,400㎞)이고, X는 물체가 진행한 수평방향의 거리이며 S는 1초 동안 떨어진 높이(4.9m)이다.

하학 법칙을 적용하면, 그림에 나타난 접선(x)의 길이가 S와 2R−S의 기하평균임을 알 수 있다. 즉, 물체가 진행한 거리의 접선방향 길이 x는 4.9m×1㎞/1,000m×12,800㎞의 양의 제곱근이 되며, 이 값은 약 8㎞정도이다(S는 2R보다 훨씬 작기 때문에 2R−S≅2R로 계산해도 크게 틀리지 않는다: 옮긴이). 그러므로 초속 8㎞로 발사된 총알은 매 초당 4.9m씩 떨어지면서도 지면과의 거리를 일정하게 유지할 수 있다. 총알뿐 아니라 지구의 표면도 같이 '휘어지기' 때문이다. 그래서 인류 최초의 우주 비행사인 소련의 가가린도 초속 8㎞의 속도를 유지하면서 지구의 둘레를 따라 40,000㎞를 여행할 수 있었던 것이다(우주선의 고도가 꽤 높았기 때문에 시간은 조금 더 걸렸을 것이다).

누군가가 제 아무리 대단한 법칙을 새로 발견했다 해도, 우리가 투입한 노력보다 더 많은 것을 얻어낼 수 있어야만 '유용한 법칙'의 대접을 받을 수 있다. 뉴턴의 경우, 그는 케플러가 발견했던 두 번째와 세 번째의 법칙을 이용하여 중력의 법칙을 유도해냈다. 그렇다면 그가 얻어낸 결론은 무엇인가? 그는 중력이론으로부터 얼마나 많은 현상들을 예측할 수 있었을까? 뉴턴은 지구의 표면 근처에서 물체가 떨어지는 현상으로부터 달의 운동을 예측할 수 있었다. 지구상에서 일어나는 낙하운동과 달의 주기운동이 동일한 근원, 즉 중력에 의해 일어난다는 것은 실로 대단한 발견이며, 중력에 대한 이해가 그만큼 깊어졌음을 뜻한다. 그렇다면, 케플러의 첫 번째 법칙대로 달의 궤도 역시 타원일 것인가? 달의 운동궤적을 정확하게 계산하는 방법은 나중에 따로 설명하기로 하고, 지금은 달의 궤도가 분명한 타원이라는 사실만 밝혀둔다. 따라서 케플러의 법칙은 뉴턴의 중력이론만으로 100% 이해될 수 있으며, 이것으로 중력이론의 위력은 충분히 검증된 셈이다.

중력법칙은 그동안 미지로 남아있었던 현상들 중 상당부분을 설명해주었다. 예를 들어, 바닷물의 조석(tide)은 지구에 작용하는 달의 인력 때문에 생기는 현상인데, 뉴턴 이전의 과학자들도 이와 비슷한 생각을 하긴 했지만 뉴턴만큼 분명한 논리를 갖고 있진 못했다. 그들은 달이 지표면의 물을 끌어당기고, 지구는 24시간 만에 한 바퀴의 자전을 끝내기 때문에 조석현상이 하루에 한 번 일어난다고 생각했다. 그러나 실제로 밀물과 썰물은 같은 지점에서 하루에 두 번씩 일어난다. 또 다른 학파는 달이 '바닷물보다 지구를 더 강한 힘으로 끌어당기기 때문에' 조석현상이 생긴다고 주장하였으나, 이 역시 잘못된 생각이었다. 실제의 상황은 다음과 같다. 바닷물에 작용하는 달의 인력과 지구에 작용하는 달의 인력은 중심부에서 서로 "균형을 이룬다." 그러나 달 쪽에 더 가까이 있는 바닷물은 평균치보다 더 강한 힘으로 끌어당겨지고, 그 반대편에 있는 바닷물에는 이보다 약한 인력이 작용하게 된다. 게다가 물은 액체이므로 자유롭게 흐를 수 있지만 딱딱한 지구는 그렇지 못하다. 이런 이유들이 복합적으로 작용하여 조석현상이 발생하는 것이다.

"균형을 이룬다"는 말은 무슨 뜻인가? 무엇이 균형을 이룬다는 말인가? 달이 지구 전체를 잡아당기는 게 사실이라면, 지구는 왜 달 표면으로 추락하지 않는가? 이유는 간단하다. 지구도 달처럼 원궤도를 돌면서 힘의 균형을 유지하고 있기 때문이다. 단, 지구의 경우에는 이 원형궤적의 중심이 지구의 내부에 있으며, 지구의 기하학적 중심과 일치하지는 않는다. 다시 말해서 달 혼자 지구 주위를 공전하는 것이 아니라, 지구와 달이 '하나의 공통된 지점'을 중심으로 동시에 공전하고 있다는 뜻이다. 그러므로 지구와 달은 분명히 중력의 영향으로 '떨어지고' 있으며, 그 결과로 지금과 같은 원운동이 유지되고 있는 것이다. 이 상황은 그림 5-5에 표현되어 있다. 그림에서 보는 바와 같이 지구와 달의 운동은 공통의 한 점을 중심으로 진행되며, 둘 다 원운동을 하고 있기 때문에 '떨어짐 효과'는 상쇄된다. 지구는 달을 일방적으로 거느리는 것이 아니라, 둘 다 공평하게 원운동을 함으로써 중력에 의한 추락을 견뎌내고 있다. 단, 지구는 달보다 질량이 매우 크기 때문에(약 80배) 원운동의 반경이 상대적으로 작아서 그 중심이 지구

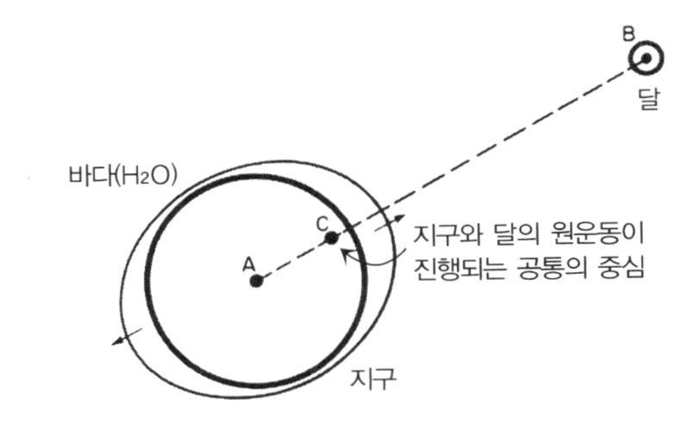

그림 5-5. 지구-달, 두 행성체에 의해 발생하는 조석현상

의 내부에 있는 것 뿐이다. 달에서 바라볼 때 지구의 뒤편에 있는 바닷물은 지구의 공전중심보다 달의 인력을 적게 받으므로, 이곳에서는 방금 서술한 평형이 이루어지지 않고 원심력에 의해 바닷물의 수면이 높아진다. 그리고 달에서 보이는 쪽의 바닷물은 달의 인력이 커서 역시 평형을 이루지 못하고 달쪽으로 끌려가기 때문에 수면이 높아진다. 바로 이러한 이유 때문에 조석현상은 하루에 두 번씩 일어나게 되는 것이다.

범우주적 중력이론(만유인력)

중력으로부터 새롭게 알 수 있는 사실은 이밖에 또 무엇이 있을까? 지구가 둥글다는 것은 누구나 알고 있다. 그런데 왜 하필이면 구형인가? 다른 모양이면 안 되는 이유라도 있는가? 물론 있다. 이것도 바로 중력 때문이다. 중력은 모든 것들을 서로 끌어당기게 하고, 당기는 힘은 거리에 따라 변하기 때문에 같은 거리에 있는 동일한 물체들은 중력의 크기가 같다. 즉, 지구의 표면은 중심으로부터 거리가 모두 같기 때문에 동일한 중력이 작용하여 지금과 같은 평형 상태를 유지하고 있는 것이다. 조금 더 세밀하게 관찰해보면 지구의 정확한 모양은 완전한 구형이 아니라 약간 일그러진 타원형인데, 이것은 자전에 의한 원심력이 적도 근처에서 제일 강하게 나타나기 때문이다. 실제의 측정 결과도 지구가 타원체임을 보여주고 있으며, 찌그러진 정도, 즉 이심률까지도 정확하게 알려져 있다. 지구뿐만 아니라 태양과 달 등의 천체들도 중력법칙에 의해 모두 구형임을 알 수 있다.

중력의 법칙으로부터 알 수 있는 또 다른 현상으로는 목성과 같이 큰 행성들과 그 주변을 공전하는 위성들을 들 수 있다. 과거의 천문학자들은 목성의 달에 관하여 하나의 미스터리를 안고 있었는데, 지금이 바로 그 문제를 언급하기에 적절한 시기인 것 같다. 목성의 위성을 주의 깊게 관측하던 뢰머(Olaus Roemer, 1644~1710)는 위성들의 이동 속도가 불규칙적으로 변한다는 사실을 알아냈다. 즉, 지구에서 볼 때 목성의 위성들은 예상 위치보다 앞서 나갈 때도 있고, 또 어떤 시기에는 뒤처지기도 했던 것이다(충분한 시간을 두고 위성의 공전주기를 측정하면, 임의의 시간에서 이들의 위치를 예측할 수 있다). 그리고 위성이 뒤처져 있는 시기에는 목성과 지구 사이의 거리가 상대적으로 멀었으며, 위성이 앞서 갈 때에는 이 거리가 매우 가까워진다는 사실도 추가로 알아내었다. 이것은 중력의 법칙으로도 설명하기가 결코 쉽지 않았기에, 자칫하면 중력이론은 이 고비를 넘기지 못하고 폐기 처분될 뻔 했다. 어떤 법칙이 매사에 잘 통하다가 단 한 가지 경우에 먹혀들지 않는다면, 그 법칙은 틀렸다고 말할 수밖에 없다. 그러나 다행히도 뢰머가 발견했던 미스터리는 중력의 범주 안에서 다음과 같이 매우 간단하고 우아하게 설명될 수 있었다. 목성(또는 그 근처의 위성)에서 반사된 빛이 지구에 도달하려면 어느 정도 시간이 걸리기 때문에, 지구에서 보이는 그들의 모습은 현재의 모습이 아닌, 약간 과거의 모습이다. 그런데, 목성과 지구 사이의 거리가 가까워지면 이 지연시간이 짧아지고, 반대로 멀어지면 지연시간이 길어지기 때문에 목성의 위성들이 앞서 가거나 뒤처진 것처럼 보였던 것이다. 그리고 학자들은 이 현상으로부터 빛의 전달 속도가 유한하다는 사실도 덤으로 확인하였으며, 역사상 처음으로 빛의 속도를 산출해내는 쾌거를 이루기도 했다. 이 모든 것은 1656년에 있었던 일이다(원서상 표기로는 1656년이나 실제로는 1676년에 있었던 일이다: 옮긴이).

모든 행성들이 서로 중력을 행사하고 있다면, 목성에 중력을 행사하는 천체는 태양뿐만이 아닐 것이다. 토성을 비롯한 모든 천체들이 목성을 자기 쪽으로 끌어당기고 있다. 물론 태양의 질량은 다른 행성들을 압도할 정도로 크기 때문에 토성에 의한 영향은 그다지 크게 나타나지는 않지만, 그래도 목성에 약간의 영향력을 행사하여 목성의 궤도에 미세한 변화를 일으킨다. 실제로 목성을 관측하여 얻은 궤적도 타원에서 아주 조금 벗어나 있는데, 이 효과를 수학적으로 계산하려면 아주 복잡한 과정을 거쳐야 한다. 학자들은 목성과 토성, 천왕성에 대하여 다른 행성들에 의한 영향을 계산하였으며, 궤도의 조그만 변형까지도 중력법칙으로 설명할 수 있는지를 확인하고자 했다. 그런데 목성과 토성의 경우에는 별 문제가 없었지만 천왕성의 궤도 이탈은 중력법칙의 신뢰도를 위협하는 수준이었다. 천왕성의 궤도가 타원에서 벗어난 것은 목성과 토성의 인력으로 설명될 수 있었으나, 실제 천왕성이 타원궤도에서 이탈된 정도는 계산 결과보다 훨씬 더 심각했다. 뉴턴의 중력이론이 심각한 위기에 처한 것이다. 그 후 영국의 애덤스(John Couch Adams, 1819~1892)와 프랑스의 르베리에(Urbain Jean Joseph Leverrier, 1811~1877)는 각기 독자적으로 연구를 거듭한 끝에 '아직 발견되지 않은 행성이 천왕성 근처에 더 있을 수도 있다' 는 파격적인 가설을 내세웠다. 그들은 섭동이론(perturbation theory)에 입각하여 새로운 행성의 위치를 예견하였고, 천문대의 연구원들에게 그 결과를 보냈다. "여러분, 이러이러한 방향으로 망원경의 초점을 맞추면 새로운 행성이 발견될 것입니다. 제 이론이 맞다면 틀림없습니다!" 누군가가 새로운 이론을 제시했을 때 학계의 주목을 받는 정도는 그 사람과 같이 연구한 학자의 명성에 따라 좌우되는 일이 종종 있다. 결국 천문대의 학자들은 르베리에의 말에 먼저 귀를 기울였고, 그들은 르베리에가 예견한 바로 그 곳에서 새로운 행성을 발견하였다! 그리고 또 다른 천문대에서도 며칠 뒤에 문제의 행성을 찾아낼 수 있었다.

이로써 뉴턴의 중력법칙은 태양계 안에서 절대적으로 옳은 이론임이 명백하게 입증되었다. 그러나 이보다 큰 규모에서도 중력법칙이 여전히 성립될 것인가? 이것을 검증하는 첫 번째 방법은 '별들도 행성처럼 서로 끌어당기는지'를 확인하는 것이다. 물론, 지금 우리는 그 답을 알고 있다. 별들은 분명히 서로 끌어당긴다. 그림 5-6에 제시된 연성(double star)에서 그 증거를 찾을 수 있다. 왼쪽 사진에 나타난 두 개의 별은 매우 가까운 거리를 유지하고 있다(사진을 회전시켜 놓지 않았음을 보여주기 위해 좌측 상단의 큰 별 옆에 작은 또 하나의 별을 같이 제시하였다). 그리고 그로부터 몇 년 후에 촬영한 오른쪽 사진을 보면, 좌측 상단의 '고정된' 별에 대하여 우측 하단의 별이 시계 방향으로 조금 돌아가 있음을 알 수 있다. 즉, 두 개의 별들이 서로에 대해 회전하고 있는 것이다. 그렇다면, 이들도 뉴턴의 중력법칙을 따르고 있을까? 이 연성계의 시간에 따른 위치변화를 그래프로 그려보면 그림 5-7과 같다. 1862년부터 1904년까지 관측된 결과를 보면, 별의 이동 궤적이 타원과 거의 일치하고 있음을 알 수 있다(지금은 한 바퀴 이상 돌아갔을 것이다). 여러분이 보는 바와 같이, 모든 것은 뉴턴의

그림 5-6. 연성계

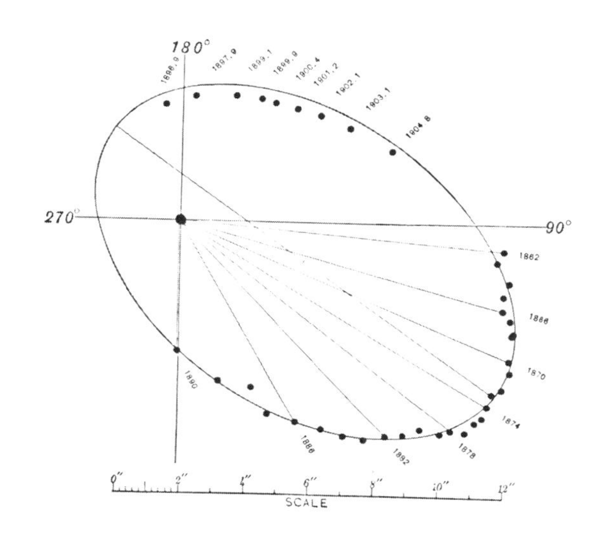

그림 5-7. 시리우스 A에 대한 시리우스 B의 운동궤적

중력법칙과 아름답게 맞아떨어진다. 그런데 단 한가지, 이상한 점이 있다. 좌측 상단에 있는 별(시리우스 A)의 위치가 타원의 초점에서 벗어나 있는 것이다. 왜 이렇게 되었을까? 이유는 간단하다. 우리의 눈에 보이는 '하늘'이라는 평면이, 궤도가 만드는 평면과 일치하지 않기 때문이다. 즉, 우리는 타원 궤적이 이루는 평면을 수직방향에서 바라보고 있지 않기 때문에 궤적은 여전히 타원일지라도 초점의 위치가 일치하지 않는 것이다. 지금까지 얻어진 결과로부터 우리는 중력법칙이 범우주적으로 적용된다는 사실을 알 수 있다. 중력법칙에 위배되는 현상은 지금까지 단 한번도 발견된 적이 없었다.

중력법칙은 그림 5-8처럼 천문학적 규모에서도 여전히 성립한다. 이 사진 속에서 중력의 존재를 느끼지 못하는 사람은 영혼이 없는 사

그림 5-8. 구형 성단

람이다. 이것은 우주에서 볼 수 있는 가장 아름다운 장관인 구형성단(globular star cluster)이다. 여기 나타난 모든 점들은 각각 하나의 별(항성)에 해당된다. 사진에서 보면 성단의 중심부에 별들이 빽빽하게 뭉쳐져 있는 것처럼 보이지만, 이것은 촬영에 사용한 망원경의 성능이 시원찮아서 그렇게 보이는 것이고, 실제로는 성단의 중심부에서도 별들 사이의 간격이 꽤 멀어서 별끼리 충돌하는 일은 거의 없다. 단지 성단의 바깥으로 갈수록 별의 수가 줄어드는 광경이 그림 5-8처럼 잡힌 것이다. 이로부터 미루어 볼 때, 중력의 법칙은 태양계보다 10만 배나 큰 성단 규모에도 적용되고 있음을 알 수 있다. 여기서 한 걸음 더 나아가, 그림 5-9와 같은 은하 전체를 살펴보기로 하자. 사진을 주의 깊게 보면, 물체들이 서로 뭉쳐지려는 경향이 있음을 알 수 있다. 물론, 이것만으로 그들 사이의 인력이 거리의 제곱에 반비례하는지를

그림 5-9. 은하

확인할 수는 없지만, 이렇게 광활한 영역에도 서로 잡아당기는 힘이 존재한다는 사실에 이의를 달 사람은 없을 것이다. 혹자는 이런 질문을 던질 수도 있다. "글쎄요… 그럴듯한 설명이긴 하지만, 그림 5-9의 은하는 왜 구형이 아니죠?" 아주 좋은 질문이다. 은하는 회전하고 있기 때문에 고유의 각운동량을 갖고 있다. 그리고 이 각운동량은 은하 전체가 수축되는 과정에서도 항상 보존되어야 하기 때문에, 모든 별들이 하나의 평면 위에 놓이게 되는 것이다(은하의 구체적인 형태를 설명해주는 이론은 아직 알려지지 않고 있다). 은하의 구조가 워낙 복잡하여 자세한 사항은 알 수 없지만, 중력 때문에 지금과 같은 모양을 갖는다는 것은 분명한 사실이다. 은하의 지름은 대략 5만~10만 광년이다. 빛이 태양과 지구 사이를 8분 20초 만에 주파하니까, 이것이 얼마나 방대한 규모인지 대충 짐작할 수 있을 것이다.

그림 5-10. 은하들이 모인 성단

이보다 더 큰 규모에도 중력은 여전히 존재한다. 그림 5-10에는 여러 개의 '조그만' 천체들이 한데 뭉치려는 모습을 보여주고 있다. 이들은 성단과 비슷한 '은하의 성단(은하들의 집합)'으로서, 이들 역시 한데 뭉치려는 경향을 갖고 있다. 따라서 중력은 수천만 광년의 먼 거리까지 작용하는 '원거리 상호작용'임이 분명하다. 지금까지 알려진 바에 의하면, 중력은 거리의 제곱에 반비례하면서 무한히 먼 곳까지 작용하는 듯 하다.

중력의 법칙을 이용하면 성운(nebulae)의 구조뿐만 아니라, 별의 기원에 관한 몇 가지 아이디어를 유추해 낼 수도 있다. 그림 5-11처럼 거대한 먼지구름과 가스가 산재되어 있을 때, 개개의 먼지 조각들은 자기들끼리 인력을 행사하여 조그만 덩어리를 이룰 것이다. 사진에는 잘 보이지 않지만, 아주 조그맣고 검은 점들이 도처에서 발견되는데,

그림 5-11. 별들 사이에 퍼져 있는 먼지 구름

이들은 먼지와 가스가 중력으로 응축된 형태로서 별의 태아기에 해당된다. 별이 형성되는 과정을 우리가 과연 본 적이 있는지, 이것은 아직도 논쟁거리로 남아있다. 그림 5-12에는 별의 탄생과정으로 추정되는 사진이 제시되어 있다. 왼쪽 사진은 1947년에 촬영된 것으로, 몇 개의 별과 그들을 둘러싸고 있는 기체의 모습으로 추정되며, 7년 후에 촬영된 오른쪽 사진에는 두 개의 밝은 점이 새롭게 형성되어 있다. 그동안 가스층이 중력으로 밀집된 후에 그 내부에서 핵융합 반응이 일어나 새로운 별이 탄생할 것일까? 그럴 수도 있고, 그렇지 않을 수도 있다. 단 7년 만에 별이 이토록 '몰라보게' 성장한다는 것은 별로 설득력이 없다. 물론 지독하게 운이 좋았다면 별이 급격하게 성장하는 7년의 '찰나'에 우리의 망원경에 잡혔다고 주장할 수도 있겠지만, 글쎄… 그렇게 엄청난 행운이 지구인에게 찾아왔을까?

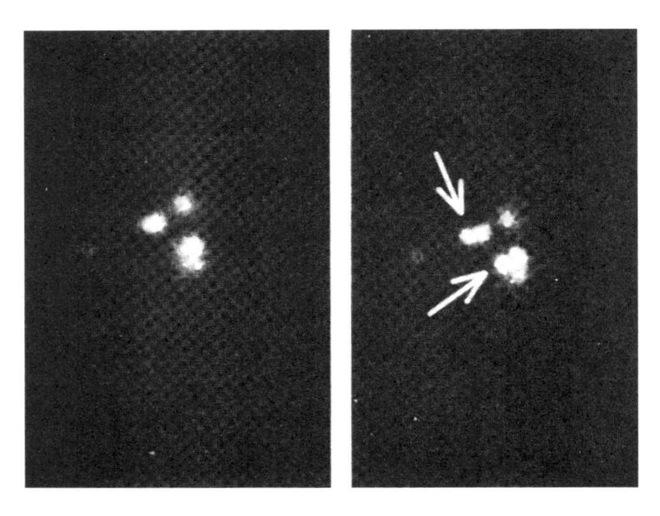

그림 5-12. 새로운 별의 탄생?

캐빈디쉬의 실험

중력은 방대한 영역에 걸쳐 작용하는 힘이다. 그러나 두 개의 물체 사이에 힘이 작용한다면, 우리는 그 힘의 크기를 측정할 수 있어야 한다. 그렇다면 멀리 있는 별을 갖고 고생할 것이 아니라, 납으로 만든 공과 대리석 공을 적당한 거리에 놓아두고 서로 상대방에서 끌려가는 현상을 관측하면 되지 않을까? 그러나 애석하게도 이런 장면을 실험실에서 관측하기란 보통 어려운 일이 아니다. 중력 자체는 너무나 약한 힘이기 때문이다. 이 현상을 눈으로 확인하려면 완전 진공상태를 유지해야 하고 전기전하의 발생을 차단하는 등 매우 세심한 주의가

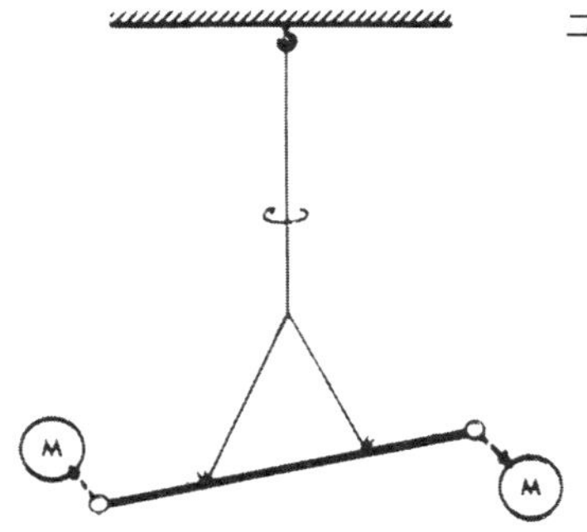

그림 5-13. 캐빈디쉬가 작은 물체의 중력을 측정하기 위해 사용했던 실험장치의 개요도. 그는 이 장치를 이용하여 중력상수 G의 값을 알아냈다.

필요하다. 이런 방법을 이용하여 중력을 최초로 측정한 사람은 캐빈디쉬(Henry Cavendish, 1731~1810)였으며, 그가 사용했던 기구는 그림 5-13에 약식으로 소개되어 있다. 캐빈디쉬는 비틀림 섬유(torsion fiber)라 불리는 아주 가느다란 막대의 한쪽 끝에 납으로 된 구를 매달아 놓고, 반대쪽 끝에는 이보다 작은 두 개의 납구를 매달아 놓은 상태에서 섬유의 뒤틀림 정도를 측정하여, 중력의 크기뿐만 아니라 그 힘이 거리의 제곱에 반비례한다는 사실도 입증할 수 있었다. 이 결과를 이용하면, 다음의 식

$$F = G\frac{mm'}{r^2}$$

에 나타나는 상수 G의 값을 정확하게 결정할 수 있다. 여기서, 질량과 거리는 이미 알고 있는 값이다. 여러분은 이렇게 묻고 싶을 것이다. “지구에 의한 중력의 크기는 이미 알고 있지 않은가?” 물론 맞는 말이다. 그러나 당시에는 지구의 질량이 얼마나 되는지 알 길이 없었다. 캐

빈디쉬의 실험 덕분에 G의 값이 알려진 후, 지구에 의한 중력의 크기로부터 거꾸로 연역하여 지구의 질량을 알아낸 것이다. 그래서 이 실험은 "지구의 몸무게 측정하기"라는 명칭으로 불려지기도 했다. 캐빈디쉬는 자신이 지구의 질량을 측정했다고 주장했지만, 사실 그가 측정한 것은 지구의 질량이 아니라 중력상수 G의 값이었다. 그리고 이것은 지구의 질량을 알아내는 유일한 방법이기도 했다. 현재 알려진 G의 값은

$$6.670 \times 10^{-11} newton \cdot m^2/kg^2$$

이다.

중력 이론이 거둔 대단한 성공이 과학의 역사에 끼친 영향력의 중요성은 아무리 강조해도 지나치지 않을 것이다. 이 법칙의 단순 명료성을 지금껏 수많은 토론과 역설을 낳았던 이전 시대의 갖가지 혼란 · 불확실 · 무지와 비교해 보라! 이제는 하늘의 달이며 행성이며 별이 이처럼 단순한 법칙에 따르고 있다는 것을 알기 때문에, 우리는 행성의 움직임조차 예측할 수 있게 된 것이다! 중력법칙의 발견으로 인해 그 이후의 과학은 대단한 성공을 거둘 수 있었다. 왜냐하면, 중력법칙과 마찬가지로 이 세상의 다른 현상들도 이렇게 단순하고 아름다운 법칙을 따를 것이라는 희망을 주었기 때문이다.

중력이란 무엇인가?

위에 적은 수식처럼, 중력이라는 것이 그렇게 단순한 법칙일까? 그 속으로 파고 들어가면 더욱 복잡한 구조가 숨어 있는 것은 아닐까? 나는 지금까지 지구가 중력에 의해 태양 주위를 공전한다는 사실만 이야기했을 뿐, 그 중력이 '왜' 생기는지에 대해서는 아직 아무런 언급도 하지 않았다. 뉴턴은 이 점에 대하여 아무런 가설도 내세우지 않았으며, 중력이라는 현상을 발견한 것으로 만족했다. 그리고 뉴턴 이후로 어느 누구도 중력이 생기는 원인을 시원하게 설명하지 못했다. 이렇게 추상적인 구석을 갖는 것이 바로 물리법칙의 특성이기도 하다. 에너지 보존 법칙은 '왜 보존되어야 하는지'에 대하여 아무런 설명도 없이 '이러이러한 물리량들을 더한 값은 항상 일정해야 한다'고 일방적으로 주장만 할 뿐이다. 이 밖에도 유명한 법칙들 역시 정량적인 수학 중력법칙의 범주를 넘지 못하며, 그 내부구조에 관해서는 함구하고 있다. 그 이유를 아는 사람은 아무도 없다. 우리가 알고 있는 방법이 그것뿐이기 때문에, 계속해서 앞으로 나가는 수밖에 없는 것이다.

그동안 중력의 원인을 설명하는 수많은 이론들이 제시되어 왔는데, 이들 중 많은 사람들의 관심을 끌었던 하나의 이론을 잠시 살펴보자. 이 이론을 처음 들었을 때에는 누구나 무릎을 치지만, 잠시 생각해보면 틀렸다는 것을 금방 알 수 있다. 1750년경에 발표되었던 문제의 가설은 다음과 같다. 우주 공간 전역에 걸쳐서, 모든 방향으로 매우 빨리 움직이는 입자들이 가득 차 있다고 상상해보자. 이 입자들은 투과력이 매우 강하여 물체를 관통할 때 극히 일부만 흡수된다. 이들이 지구에 흡수될 때에는 약간의 충격을 주겠지만, 운동하는 방향이 완전 무작위이므로 지구에 전달되는 충격은 모두 상쇄되어 사라질 것이다. 그런데, 근처에 태양과 같은 천체가 존재한다면 태양이 일종의 스크린 역할을 하여 지구로 향하는 입자들 중 일부를 흡수해줄 것이고, 그 결과 지구를 때리는 입자들은 태양의 반대편 쪽(밤에 해당되는 지역)을 더욱 맹렬하게 때려서 지구를 태양 쪽으로 '밀어주는' 알짜 힘을 만들어낼 것이다. 그리고 이 힘은 거리의 제곱에 반비례한다. 왜냐하면 태양에 대응되는 입체각(solid angle)은 지구와 태양 사이의 거리에 따라 달라지기 때문이다(자세한 설명은 생략한다). 자, 이 정도면 중력의 원인을 설명하는데 거의 손색이 없어 보인다. 그러나 이것은 틀린 이론이다. 대체 어디가 잘못되었을까? 만일 이것이 사실이라면, 지구는 공전하는 동안 뒷면보다 앞면에(진행방향을 향한 면) 더욱 많은 충격을 받을 것이다(비를 맞으며 달려갈 때, 얼굴의 뒷면보다 앞면에 떨어지는 빗방울이 더 아프다). 따라서 지구는 이 여분의 충격 때문에 공전속도가 점차 느려질 것이며, 결국에는 공전을 멈추고 태양을 향해 추락하게 될 것이다. 이런 대 파국이 일어날 때까지 얼마의 시간이 걸리는지는 어렵지 않게 계산할 수 있는데, 그 결과는 현재 알려진 지구의 수명(45억 년)보다 형편없이 짧기 때문에 사실로 인정될 수가 없는 것이다. 지금까지 제시되었던 여타의 이론들도 모두 이와 유사한 모순점이 발견되어 학계에 수용되지 못했다.

이제, 중력과 다른 힘들 사이의 관계에 대하여 생각해보자. 지금까지 알려진 바에 의하면 다른 힘으로 중력을 설명하는 방법은 존재하지 않는다. 중력은 전기력 때문에 생기는 것도 아니며, 다른 어떤 힘을 동원한다 해도 중력의 존재를 설명할 수는 없다. 그러나 중력은 여타의 다른 힘들과 그 형태가 매우 비슷하기 때문에 이들 사이의 유사성을 관찰하는 것은 나름대로 의미를 가질 수 있다. 예들 들어, 전하를 띤 두 물체 사이에 작용하는 힘은 중력의 법칙과 매우 비슷하다. 전기력의 크기는 어떤 상수 값에 두 전하량을 곱하고, 이 값을 두 전하 사이의 거리의 제곱으로 나눔으로써 얻어진다. 물론, 전기력은 인력과 척력이 모두 존재한다는 점에서 중력과는 본질적으로 다르다. 그러나 힘의 크기를 나타내는 공식이 중력과 이렇게 유사하다는 것은 실로 놀라운 일이다. 중력과 전기력은 우리의 짐작보다 훨씬 더 친밀한 현상일지도 모른다. 그래서 대다수의 물리학자들은 이들을 하나로 통일하는 통일장이론(unified field theory)을 연구하고 있다. 그러나 중력과 전기력을 비교할 때 가장 흥미를 끄는 부분은 힘의 '상대적인 크기'이다. 이 두 가지 힘을 모두 포함하는 이론이라면, 그로부터 중력의 세기를 유추해낼 수 있어야 한다.

두 개의 전자가 서로 적당한 거리만큼 떨어져 있을 때, 전기력은 이들을 서로 밀쳐내고 중력은 이들을 서로 잡아당기는 방향으로 작용할 것이다. 이 두 가지 힘의 상대적 비율은 전자 사이의 거리와 무관하며, 자연계에 존재하는 근본적인 상수이다. 계산 결과는 그림 5-14에 나와 있는데, 보다시피 중력을 전기력으로 나눈 값은 $1/4.17\times10^{42}$밖에 되지 않는다! 다시 말해서, 전기력의 세기가 중력의 4.17×10^{42}배라는

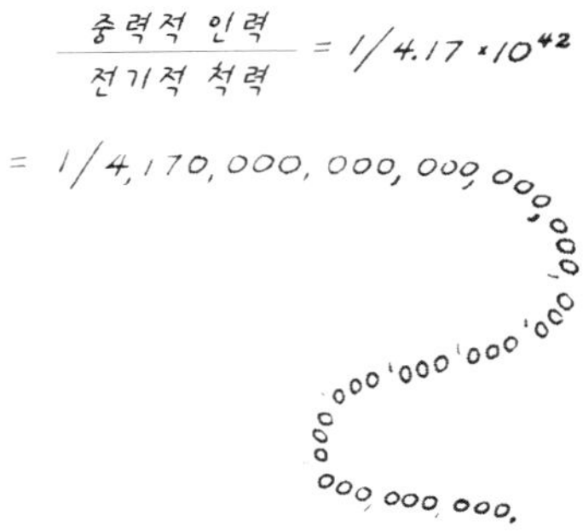

$$\frac{\text{중력적 인력}}{\text{전기적 척력}} = 1/4.17 \times 10^{42}$$

$$= 1/4,170,000,000,000,000,000,000,000,000,000,000,000,000,000,000.$$

그림 5-14. 두 개의 전자 사이에 작용하는 중력과 전기력의 크기 비교

뜻이다. 이렇게 큰 숫자는 대체 어디서 나온 것일까? 이것은 벼룩의 부피를 지구의 부피로 나눈 것처럼 우연히 나타난 숫자가 아니다. 우주의 근본을 이루는 전자의 두 가지 성질을 비교하면서 얻어진, 필연적인 숫자인 것이다. 이 환상적인 숫자는 자연에 내재된 근본적 상수이므로, 무언가 깊은 의미를 지니고 있을 것이다. 일부 학자들은 “훗날 우리가 범우주적인 방정식을 찾아낸다면, 이 방정식의 근들 중 하나가 4.17×10^{42}일 것이다” 라며 낙관적인 견해를 보이고 있다. 그러나 이런 괴물 같은 숫자를 근으로 갖는 방정식을 찾기란 결코 쉬운 일이 아니다. 물론, 다른 가능성도 있다. 그 중 하나는 이 숫자를 우주의 나이와 연관시키는 것이다. 그렇다면 우리는 다른 영역에서 엄청나게 큰 숫자를 또 찾을 수 있어야 한다. 그런데, 우주의 나이를 ‘년(year)’ 단위로 헤아리는 것이 과연 옳은 발상일까? 절대로 그렇지 않다.

1년이라는 시간은 오직 지구라는 행성에서만 통용되는 단위일 뿐,

결코 범우주적인 시간단위가 될 수 없다. 이보다 좀 더 자연적인 시간의 척도로서, 빛이 양성자를 가로지르는 데 걸리는 시간을 생각해보자. 이것은 약 10^{-24}초이다. 현재 알려진 우주의 나이는 대략 2×10^{10}년인데, 이 값을 10^{-24}초로 나누면 그 결과 역시 10^{-42}이다. 0의 개수가 42개로 같다는 사실만으로도, 우주의 나이와 중력상수는 무언가 깊은 관계에 있다는 심증을 가질 만하다. 만일 이것이 사실이라면, 중력상수는 시간이 흐름에 따라 변해가야 한다. 왜냐하면 우주는 지금도 계속해서 나이를 먹고 있으므로, 우주의 나이를 10^{-24}초(빛이 양성자를 가로지르는 데 걸리는 시간)로 나눈 값도 점차 커져갈 것이기 때문이다. 중력상수가 시간에 따라 변한다는 것이 과연 가능할까? 물론, 이 변화는 엄청 느리게 진행되기 때문에 수십 년 사이에 확인하기는 어려울 것이다.

우리가 할 수 있는 최선의 실험은, 지난 10억 년 동안 중력상수가 어떻게 변해왔는지를 추적하는 것이다. 10억 년은 지구상에 생명체가 존재해온 기간이며, 우주 나이의 1/10에 해당되는 시간이다. 앞에서 제시한 추론이 맞다면, 10억 년 전의 중력은 지금보다 10% 정도 컸을 것이다. 태양의 구조(자체 질량과 복사에너지 사이의 비율)로부터 유추해본다면, 10억 년 전의 태양은 지금보다 10% 정도 더 밝았을 것이다. 지구와 태양 사이의 거리는 지금보다 훨씬 더 가까웠고, 지구의 온도는 지금보다 100℃ 정도 더 뜨거웠을 것이며, 따라서 모든 물은 바다가 아니라 수증기의 형태로 존재했을 것이므로 생명은 바다에서 시작되지 않았을 것이다. 이렇게 뜯어고쳐야 할 내용이 너무 많기 때문에, 중력상수가 우주의 나이와 함께 변한다는 주장은 별로 설득력이 없다. 그러나 누가 알겠는가? 지금 제시된 반론 역시 100% 확실한 논리가 아니기 때문에 여기서 결론을 내리기는 어렵다.

중력이 질량에 비례한다는 것은 분명한 사실이다. 그리고 질량이란 관성의 척도로서, 원운동하고 있는 물체를 계속 붙잡아 두는 데 얼마나 큰 힘이 들어가는지를 나타내는 양이기도 하다. 그러므로 질량이 다른 두 개의 물체가 어떤 커다란 물체를 중심으로 공전하고 있을 때, 이들의 공전 반경이 똑같다면 공전 속도도 같아야 한다. 무거운 물체일수록 큰 힘으로 붙잡아 두어야 하는데, 중력이라는 힘 자체가 질량에 비례해서 커지기 때문이다. 만일 하나의 물체가 다른 물체보다 안쪽 궤도를 돌고 있었다면, 이 궤도 역시 영원히 유지될 것이다. 이것은 완전한 균형을 이룬 상태이다. 그러므로 가가린과 티토프(Titov)는 그들이 타고 있었던 우주선 안에서 모든 물체들이 무중력 상태임을 목격했을 것이다. 그 안에서 분필토막 하나를 허공에 놔두었다면, 그것 역시 우주선과 정확하게 같은 속도로 지구 주위를 공전했을 것이며, 우주선 안에서는 완전하게 정지해 있는 것처럼 보였을 것이다. 중력의 크기를 좌우하는 질량과 관성의 크기를 결정하는 질량이 정확하게 같다는 것은 참으로 흥미로운 사실이다. 만일 이들이 서로 무관한 값이었다면, 가가린이 탔던 우주선의 내부는 질량이 다른 물체들이 제각각의 속도로 공전하여 난장판이 되었을 것이다. 1909년에 외트뵈시(Roland von Eötvös, 1848~1919)는 실험을 통하여 중력질량과 관성질량이 정확하게 같다는 것을 최초로 확인하였으며, 이 사실은 후에

딕케(Robert Henry Dicke, 1916~1997)에 의해 재확인되었다. 실험에 나타난 중력질량과 관성질량의 차이는 1/1,000,000,000 이내로서, 이 정도면 이론의 여지가 없다.

중력과 상대성이론

300여 년 동안 물리학계를 평정해왔던 뉴턴의 중력이론에 종지부를 찍은 것은 그 유명한 아인슈타인의 상대성이론이었다. 뉴턴의 이론에서 하자가 발견된 것이다! 아인슈타인은 잘못된 부분을 수정하여 일반상대성이론을 완성시켰다. 뉴턴의 중력이론에 의하면, 중력이 전달되는 데에는 시간이 전혀 소요되지 않는다. 그래서 임의의 질량 하나가 특정 위치에 놓여 있다가 갑자기 위치를 바꾸면, 주변의 물체들은 달라진 중력을 '즉시' 느낀다는 것이다. 다시 말해서, 중력 신호는 전달 속도가 무한대라는 뜻이다(사실은 뉴턴 자신도 이 문제를 놓고 심각한 고민을 했지만, 별다른 해결책을 찾지 못해 '각자의 상상에 맡긴다'는 말로 얼버무렸다: 옮긴이). 그러나 아인슈타인은 상대성이론을 연구하는 과정에서 '어떤 물체건, 신호건 간에 빛보다 빨리 이동할 수는 없다'는 대 원칙을 발견하였으며, 제 아무리 맹위를 떨치던 중력이론이라 해도 여기서 예외가 될 수는 없었다. "중력이 전달되는 데에도 분명히 시간이 소요된다"는 것이 아인슈타인식 중력이론의 요지이다. 상대성이론에 의하면, 에너지와 질량은 동일한 실체로서 에너지가 있는 곳에는 반드시 질량이 존재한다(여기서 질량이란, 중력에 의해 끌리는 질량을 의미한다). 심지어는 빛조차도 질량을 갖는다. 빛은 에너지를 실어 나르기 때문이다. 그래서 빛이 태양 근처를 스쳐 지나갈 때에는 태양의 중력에 '끌려서' 빛의 경로가 휘어지는데, 이 현상은 실험을 통해 사실임이 확인되었다.

마지막으로, 중력과 다른 이론들을 비교해보자. 최근 들어 우리는 모든 질량이 아주 작은 입자들로 이루어져 있고, 그 안에서는 핵력을 비롯한 몇 가지의 상호작용이 진행되고 있음을 알게 되었다. 그러나 핵력이나 전자기력으로는 중력의 근원을 설명할 수 없다. 그리고 중력이론에 양자역학을 접목시키는 작업도 아직 미해결 상태로 남아 있다. 양자역학적 효과가 두드러지게 나타나는 미시 영역에서는 중력에 의한 효과가 너무나 미미하기 때문에 양자중력이론의 필요성은 그다지 크게 부각되지 않고 있다. 그러나 물리학의 이론들이 서로 모순을 일으키지 않으려면, 아인슈타인의 중력이론은 양자역학의 불확정성 원리와 조화롭게 합쳐져야 할 것이다.

1959년, 캠퍼스에서

제 6 강
양자적 행동

원자의 역학

앞에서 우리는 빛의 성질을 이해하는 데 가장 필수적인 개념, 즉 전자기파의 복사에 대하여 개략적으로 살펴보았다(그러나 이 책에는 『파인만의 물리학 강의』에 수록된 그 부분이 빠져 있다: 옮긴이). 물질의 굴절률과 내부 전반사(total internal reflection) 등을 비롯한 몇 개의 문제들은 내년 강의 때 다루기로 한다. 그런데, 지금까지 언급한 것은 전자기파에 대한 '고전적 이론'으로서 자연현상의 상당부분을 매우 정확하게 설명해주고 있긴 하지만, 여기에는 아직 고려되지 않은 요소가 남아 있다. 빛의 에너지를 파동이 아닌 입자의 다발(photon: 광자)로 간주한다면 어떤 결과가 얻어질 것인가? 이 점에 관해서는 아직 한마디도 언급하지 않았다.

우리는 앞으로 비교적 덩치가 큰 물질들의 행동방식(역학 및 열역학적 성질 등)을 살펴볼 것이다. 그런데, 이들의 성질을 논할 때 고전적인 이론만을 고집한다면 결코 올바른 결론에 도달할 수 없다. 모든 물질들은 예외 없이 원자 규모의 작은 입자들로 이루어져 있기 때문이다. 그럼에도 불구하고 우리는 여전히 고전적인 관점으로 접근할 것이다. 지금까지 여러분이 배운 물리학이 그것뿐이기 때문이다. 물론 이런 식으로는 실패할 것이 뻔하다. 빛의 경우와는 달리, 우리는 곧 난처한 상황에 직면하게 될 것이다. 원자적 효과가 나타날 때마다 그것을 어떻게든 피해갈 수는 있겠지만, 그렇다고 무턱대고 피하기만 하면 이 장의 제목이 무색해진다. 그래서 문제가 발생할 때마다 원자 물리학의 양자역학적 아이디어를 조금씩 추가하여 '우리가 지금 피해가고 있는 대상이 무엇인지'를 개략적으로나마 느낄 수 있도록 유도할 생각이다. 사실, 양자적 효과를 완전히 무시한 채로 원자 규모의 현상을 이해하는 방법은 어디에도 없다.

그래서 지금부터 양자역학의 기본 개념을 설명하고자 한다. 그러나 이 개념들을 실제상황에 적용하려면 아직도 갈 길이 멀다.

양자역학(quantum mechanics)이란, 물질과 빛이 연출하는 모든 현상들을 서술하는 도구이며, 특히 원자 규모의 미시세계에 주로 적용된다. 미시세계의 입자들은 여러분이 매일같이 겪고 있는 일상적인 물체들과 전혀 다른 방식으로 행동하고 있다. 소립자들은 파동(wave)이 아니며, 입자(particle)처럼 행동하지도 않는다. 이들은 여러분이 지금껏 보아왔던 그 어떤 것(구름, 당구공, 용수철 등…)하고도 닮은 점이 없다. 이들의 행동을 제어하는 법칙 자체가 완전히 다르기 때문이다.

뉴턴은 빛이 입자로 이루어져 있다고 생각했으나, 다들 알다시피 빛은 파동적 성질을 갖고 있다. 그런데 20세기 초에 들어서면서 빛의 입자설이 또다시 설득력을 갖기 시작했다. 예를 들어 전자는 처음 발견되었을 무렵에 입자로 간주되었지만, 그 후에 여러 가지 실험이 실행되면서 파동처럼 행동한다는 놀라운 사실이 밝혀졌다. 그렇다면 전자는 입자이면서 동시에 파동이란 말인가? 아니다. 엄밀하게 말한다면 둘 중 어느 것도 아니다. 그렇다면 전자의 진정한 본성은 무엇인가? 이 질문에 관해서는 물리학자들도 두 손을 들었다. 우리가 말할 수 있는 거라곤 "전자는 입자도 아니며 파동도 아니다"라는 지극히 모호한 서술뿐이다.

그나마 한 가지 다행스러운 것은 전자들의 행동양식이 빛과 비슷하다는 점이다. 극미의 물체들(전자, 양성자, 중성자, 광자 등등…)의 양자적 행동양식은 모두 똑같다. 이들은 모두 '입자 파동'이다. 이 단어가 마음에 들지 않는다면 다르게 불러도 상관없다. 적절한 명칭 같은 것은 애초부터 있지도 않았으니까 말이다. 그러므로 전자에 관하여 알게 된 여러 가지 성질들은 광자를 비롯한 입자들에도 적용될 수 있다.

20세기가 밝으면서 처음 25년 동안 원자적 규모에서 일어나는 현상들이 서서히 알려지기 시작했는데, 이로부터 미시세계의 특성에 관하여 약간의 이해를 도모할 수는 있었지만 전체적인 그림은 그야말로 오리무중이었다. 그러다가 1926~1927년에 이르러 슈뢰딩거(Erwin

Schrödinger, 1887~1961)와 하이젠베르크, 보른(Max Born, 1882~1970)등의 물리학자들에 의해 비로소 안개가 걷히기 시작했다. 이들은 미시세계에서 일어나는 현상을 조리있게 설명한 최초의 물리학자들이었다. 이 장에서는 그들이 찾아냈던 서술법을 집중적으로 다루기로 한다.

원자적 규모에 적용되는 법칙들은 우리들의 일상적인 경험과 전혀 딴판이기 때문에 선뜻 받아들이기가 어려울 뿐만 아니라 익숙해지는 데에도 꽤 많은 시간이 필요하다. 그러나 걱정할 것 없다. 노련한 물리학자에게도 사정은 마찬가지다. 심지어는 이 문제를 직접 연구하고 있는 물리학자들조차도 제대로 이해하지 못하고 있다. 우리들이 갖고 있는 모든 경험과 직관은 거시적인 세계를 바탕으로 형성되었기 때문에, 미시적인 세계를 이해하지 못하는 것은 너무나도 당연한 일이다. 우리는 커다란 물체들이 어떻게 움직일 것인지 잘 알고 있지만, 미시세계의 사물들은 결코 그런 방식으로 움직이지 않는다. 그래서 이 분야의 물리학을 배울 때에는 기존의 경험적 지식들을 모두 떨쳐버리고, 다소 추상적인 상상의 나래를 펼쳐야 한다. 눈에 보이지도 않으면서 엉뚱하기까지 한 미지의 세계를 여행하려면 이 방법밖에 없다.

지금부터 우리의 직관과 가장 동떨어진 이상한 현상을 설명하고자 한다. 이것을 피해갈 방법은 없다. 우리는 어쩔 수 없이 정면 돌파를 시도해야 한다. 이 현상은 어떤 고전적 논리로도 설명할 수 없으며, 그렇다고 현상 자체를 부정할 수도 없다. 그리고 이 안에는 양자역학의 핵심적 개념이 숨어 있다. 사실, 이것은 하나의 미스터리일 뿐이다. 세부적인 사항들을 어떻게든 알아낸다 해도 미스터리 자체가 해결되는 것은 아니다. 나는 여러분에게 '일어나는 현상' 만을 설명할 것이다. 그리고 이 과정에서 양자역학의 기이한 성질도 여러 차례 언급될 것이다.

총알 실험

전자(electron)의 양자적 행동방식을 이해하기 위해, 우선 총알을 가지고 한 가지 실험을 해보자. 실험장치는 그림 6-1에 개략적으로 그려져 있다. 우리는 나중에 총알을 전자로 바꾼 다음, 동일한 실험을 실시하여 그 결과를 비교해 볼 것이다. 자, 여기 총알을 연속적으로 발사하는 기관총이 하나 있다. 그런데 이 총은 성능이 신통치 않아서 총알을 항상 똑같은 방향으로 내보내지 못하고 꽤 넓은 각도를 오락가락하면서 이리 저리 난사를 해대는 중이다. 총 앞에는 철판으로 만든 벽이 놓여 있는데, 이 벽에는 총알이 통과할 수 있을 정도의 구멍이 두 군데 뚫려 있다. 철판 벽을 통과한 총알은 일정거리를 날아가다가 목재로 만든 두툼한 나무벽에 박히게 된다. 또 나무벽 바로 앞에는 모래를 가득 채운 상자가 설치되어 있는데, 총알이 이 상자의 외벽을 관통하면 나무벽까지 도달하지 못하고 상자 속에 들어 있는 모래에 파묻힌 채로 멈추도록 되어 있다. 그러므로 나중에 모래상자를 열어보면 어느 지점에 얼마나 많은 총알이 도달했는지 알 수 있다. 이 '총알 감지기' 상자는 가로 방향(x축 방향)으로 자유롭게 이동할 수 있도록 설치되었다. 자, 이런 장치를 만들어 놓고 총알을 난사하는 실험을 했다면, 우리는 다음의 질문에 답할 수 있을 것이다. "철판의 구멍을 무사히 통과한 총알이 나무판의 중심부에서 x만큼 떨어진 곳에 도달할 확률은 얼마인가?" 우선 여러분은 질문의 요지가 '확률'임을 명심해야 한다. 특정 총알이 정확하게 어느 지점으로 도달할 것인지를 예측할 수 있는 방법은 없기 때문이다. 발사된 총알이 운 좋게 철판 구멍에 '진입' 했다 해도, 그것이 구멍의 모서리에 튀어서 경로가 바뀔 가능성은 얼마든지 있다. 여기서 '확률'이란, 총알이 모래상자 감지기에 도달할 확률을 뜻하며, 이 값은 일정 시간 동안 기관총을 난사한 후에 감지기에 박힌 총알의 개수와 나무판에 박힌 총알의 개수를 세어 비율을 취하면 얻을 수 있다. 또는 1분당 발사 횟수가 항상 균일하도록 기

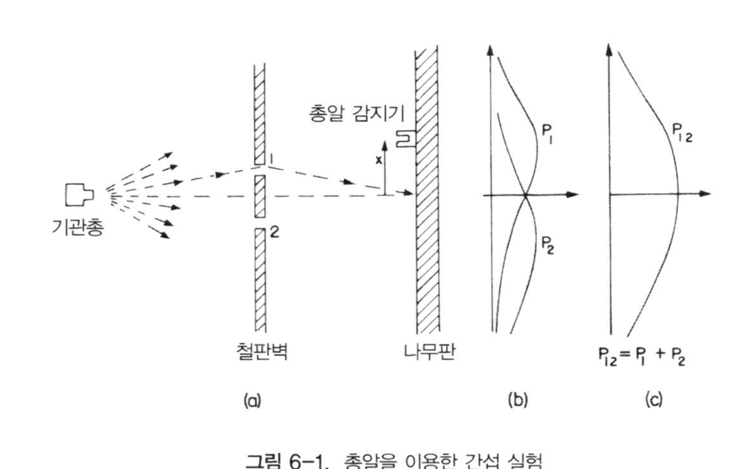

그림 6-1. 총알을 이용한 간섭 실험

관총을 세팅한 후에, 특정 시간동안 감지기에 도달한 총알의 수를 헤아려서 확률을 구할 수도 있다. 이 경우, 우리가 구하고자 하는 확률은 감지기에 박힌 총알의 수에 비례할 것이다.

우리의 실험 목적을 제대로 반영하기 위해, 지금 사용하는 총알은 절대로 부러지거나 쪼개지지 않는 특수 총알이라고 가정하자. 이 실험에서 총알은 항상 온전한 모습으로 존재하며, 감지기나 나무판을 때려도 조각으로 부스러지지 않는다. 이제 기관총의 '1분당 발사 속도'를 크게 줄이면, 임의의 한 순간에는 '총알이 전혀 날아오지 않거나' 아니면 '오로지 단 한 개의 총알이 나무판(또는 감지기)에 도달하는' 두 가지 경우가 가능하다. 그리고 총알의 크기는 1분당 발사 속도에 상관없이 항상 일정하다. 우리가 사용하는 총알은 '모두 똑같이 생긴 덩어리'이기 때문이다. 이제 감지기의 뚜껑을 열어 총알의 수를 세면 총알이 도달할 확률을 위치 x의 함수로 구할 수 있다(물론, 모든 x에 대하여 동일한 실험을 다 해봐야 한다: 옮긴이). 이 결과를 그래프로 그려보면, 그림 6-1의 (c)와 같은 결과를 얻는다(우리는 아직 실험을 해보지 않았으므로 지금부터는 상상의 나래를 펴야 한다). 여러분의 이해를 돕기 위해 그래프는 실제의 실험장치와 동일한 축척으로 그렸으며, x축의 방향도 나무판의 방향과 일치시켰다. 그래서 확률을 나타내는 곡선은 x축의 오른쪽에 나타나 있다. 지금부터 이 확률을 P_{12}라고 표기할 텐데, 그 이유는 특정 지점에 도달한 총알이 철판에 뚫려 있는 두 개의 구멍(구멍1, 구멍2) 중 어느 곳을 거쳐 왔는지 아직 구별할 필요가 없기 때문이다. 보다시피 P_{12}는 그래프의 중심부에서 큰 값을 가지며, 가장자리로 갈수록 값이 작아진다. 사실 이것은 그다지 놀라운 사실이 아니다. 그러나 여러분은 왜 하필 x=0에서 P_{12}가 최대값을 갖는지 궁금할 것이다. 이 궁금증을 해소하기 위해, 구멍 2를 가리고 동일한 실험을 다시 해보자. 그리고 그 다음에는 구멍 1을 가리고 실험해보자. 여기서 얻어진 결과가 여러분의 의문을 풀어줄 것이다. 구멍 2를 막아놓은 실험에서, 총알은 오직 구멍 1만을 통해 지나갈 수 있다. 그리고 그 결과는 그림 6-1의 (b)에 P_1으로 표시되어 있다. 여러분의 짐작대로, P_1은 기관총과 구멍 1을 직선으로 연결한 연장선이 나무판과 만나는 곳에서 최대가 된다. 구멍 1을 막아놓은 실험에서는 P_1과 대칭을 이루는 P_2가 얻어진다. P_2는 구멍 2를 통과한 총알의 확률분포이다. 그림 6-1의 (b)와 (c)를 비교해보면, 우리는 다음과 같이 중요한 결과를 얻을 수 있다.

$$P_{12} = P_1 + P_2 \tag{6.1}$$

보다시피, 전체 확률은 개개의 확률을 그냥 더함으로써 얻어진다. 두 개의 구멍을 모두 열어놓았을 때의 확률분포는 각각의 구멍이 한 개씩 열려있는 경우의 확률분포를 더한 값이다. 이 결과를 '간섭이 없는 경우(no interference)의 확률분포'라 부르기도 한다. 이렇게 거창한 이름을 붙여두는 이유는 이제 곧 알게 될 것이다. 총알로 하는 실험은 이 정도로 충분하다. 개개의 총알은 덩어리의 형태로 날아오며, 이들이 나무판에 도달할 확률분포는 간섭패턴을 보이지 않는다.

파동 실험

이번에는 똑같은 실험을 총알이 아닌 수면파로 재현해보자. 실험장치는 그림 6-2와 같다. 그다지 깊지 않은 수조에 물을 채워 넣고, 파동을 만들어 내는 파원(wave source)을 적당한 장소에 설치한다. 이 파원에는 모터로 작동되는 조그만 팔이 달려 있으며, 이것이 위 아래로 빠르게 진동하면서 계속적으로 수면파를 만들어내고 있다. 파원의 오른쪽에는 구멍이 두 개 뚫려있는 벽이 수면파를 가로막고 있어서, 파원으로부터 나온 수면파는 오로지 이 구멍을 통해 계속 진행할 수 있다. 그리고 이보다 더 오른쪽에는 또 하나의 벽이 있는데, 이 벽은 수면파를 전혀 반사시키지 않는 흡수벽이다. 이런 벽을 실제로 만들

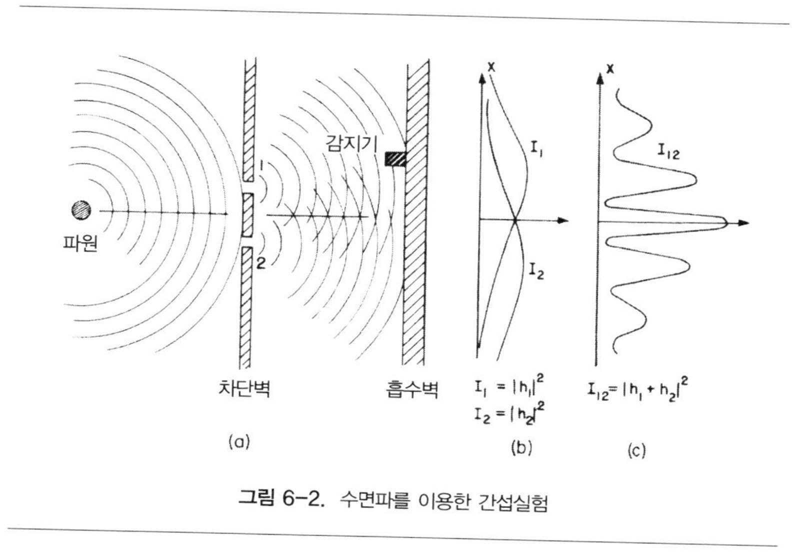

그림 6-2. 수면파를 이용한 간섭실험

수 있을까? 완만한 경사를 이루는 해변의 모래사장처럼 만들면 된다. 그리고 모래사장 앞에는 이전과 같이 x방향으로 오락가락할 수 있는 감지기를 설치한다. 이 감지기는 파동의 '세기(intensity)'를 측정하는 장치이다. "파동의 세기를 어떻게 측정하나…" 하는 걱정은 접어두기 바란다. 우리의 감지기는 도달한 수면파의 높이를 감지한 후, 그 값의 제곱을 눈금으로 표시해주는 아주 똑똑한 장비이다. 이렇게 나타난 눈금은 파동의 세기에 비례하게 된다. 따라서 우리의 수면파 감지기는 수면파가 실어 나르는 에너지를 눈금으로 표시해주는 장치라고도 할 수 있다.

이 실험장치에서 눈여겨 볼 점은, 총알의 경우와 달리 파동의 세기가 어떠한 값도 가질 수 있다는 것이다(개개의 총알은 모두 크기가 같은 규격품이었다: 옮긴이). 파원이 아주 작게 진동하면 파동의 세기는 작아질 것이며, 파원이 크게 진동하면 파동의 세기도 커질 것이다. 이 값은 얼마든지 달라질 수 있다. 따라서 파동의 경우에는 '덩어리'라는 개념이 존재하지 않는다.

이제, 감지기의 위치 x를 다양하게 변화시켜 가면서 파동의 세기를 측정해보자(파원의 진동 폭은 일정하게 유지한다). 그러면 그림 6-2 (c)의 I_{12}와 같이 특이한 형태의 곡선이 얻어질 것이다.

앞에서 우리는 전기적 파동의 간섭현상을 공부하면서 이러한 모양의 그래프를 이미 접해본 경험이 있다(이 책에서는 『파인만의 물리학 강의』에 수록된 그 부분이 빠져 있다 : 옮긴이). 지금의 경우에는 파원에서 발생한 파동이 구멍을 통과하면서 회절을 일으켜 새로운 원형 파동이 생성되고, 이것이 퍼져 나가면서 감지기(또는 모래사장)에 도달하게 된다. 이제 두 개의 구멍들 중 하나를 막고 실험해보면, 그림 6-2(b)와 같이 비교적 단순한 형태의 곡선이 얻어진다. I_1은 구멍 2를 막아놓았을 때 구멍 1로부터 퍼져 나온 파동의 세기이며, I_2는 구멍 1을 막아놓았을 때 구멍 2에서 퍼져 나온 파동의 세기를 나타내고 있다.

두 개의 구멍을 모두 열어 놓았을 때 얻어진 I_{12}는 분명 I_1과 I_2의 단순 합이 아니다. 두 개의 파동이 서로 '간섭(interference)'을 일으켰기 때문이다. I_{12}가 극대값(그래프 상의 산꼭대기에 해당하는 지점)을 갖는 지점에서는 두 파동의 위상이 일치하여 파동의 높이가 더욱 커지고 따라서 파동의 세기도 커졌음을 알 수 있는데, 이런 경우를 가리켜 '보강간섭'이라고 한다. 감지기로부터 구멍 1까지의 거리가 감지기로부터 구멍 2까지의 거리보다 파장의 정수배만큼 크거나 작은 곳에서는 항상 보강간섭이 일어난다.

두 개의 파동이 π의 위상차(180°)를 가진 채로 도달하는 지점(위상이 정반대인 곳)에서 감지기에 나타나는 눈금은 두 파동의 진폭의 차이에 해당된다. 이 경우가 바로 '소멸간섭'이며, 파동의 세기는 상대적으로 작을 수밖에 없다. 이런 현상은 구멍 1과 감지기 사이의 거리가 구멍 2와 감지기 사이의 거리보다 반파장의 홀수배만큼 길거나 짧을 때 나타난다. 그림 6-2 (c)에서 I_{12}의 극소값은, 그 지점에서 두 개의 파동이 소멸간섭을 일으켰다는 뜻이다.

I_1과 I_2, 그리고 I_{12}사이의 관계는 다음과 같이 구할 수 있다. 구멍1을 통과한 파동이 감지기에 도달했을 때의 높이를 $\hat{h}_1 e^{iwt}$의 실수부로 정

의하자. 여기서, 진폭에 해당하는 $\hat{h}_1$은 일반적으로 복소수이다. 파동의 세기는 파고의 제곱에 비례하는데, 복소수로 표현된 경우에는 $|\hat{h}_1|^2$에 비례한다. 이와 마찬가지로, 구멍 2를 통과한 파동의 높이는 $\hat{h}_2 e^{iwt}$이며, 세기는 $|\hat{h}_2|^2$에 비례한다. 두 개의 구멍이 모두 열려있을 때, 감지기에 느껴지는 파동의 높이는 각각의 높이를 더한 $(\hat{h}_1+\hat{h}_2)e^{iwt}$이며, 그 세기는 $|\hat{h}_1+\hat{h}_2|^2$이다. 지금 우리에게는 실제의 값보다 그래프의 형태가 더욱 중요한 이슈이므로, 필요 없는 상수를 제거하고 나면 파동의 간섭에 관하여 다음과 같은 관계식을 얻을 수 있다.

$$I_1 = |\hat{h}_1|^2, \quad I_2 = |\hat{h}_2|^2, \quad I_{12} = |\hat{h}_1+\hat{h}_2|^2 \tag{6.2}$$

총알실험에서 얻은 식 (6.1)과 비교할 때 사뭇 다른 결과이다. $|\hat{h}_1+\hat{h}_2|^2$을 전개하면,

$$|\hat{h}_1+\hat{h}_2|^2 = |\hat{h}_1|^2 + |\hat{h}_2|^2 + 2|\hat{h}_1||\hat{h}_2|\cos\delta \tag{6.3}$$

를 얻는다. 여기서 δ는 $\hat{h}_1$과 $\hat{h}_2$ 사이의 위상차를 나타낸다. 파동의 세기를 이용하여 다시 쓰면

$$I_{12} = I_1 + I_2 + 2\sqrt{I_1 I_2}\cos\delta \tag{6.4}$$

가 된다. 식 (6.4)의 마지막 항은 '간섭항(interference term)' 이다. 수

면파실험도 이 정도로 해두자. 파동의 세기는 어떤 값도 가질 수 있으며, 파동 특유의 간섭현상이 나타난다.

전자(electron)실험

이제부터가 본론이다. 이번에는 총알도 아니고 수면파도 아닌 전자를 대상으로 하여 지금까지 했던 실험을 재현해보자. 실험장치는 그림 6-3에 나와 있다. 우선 텅스텐 전선에 전류를 흘려서 가열시킨 다음, 이것을 금속상자로 덮고 구멍을 하나 뚫어놓는다. 이것이 바로 그림의 제일 왼쪽에 있는 전자총이다. 전선이 상자에 대하여 음의 전위를 갖게 하면 텅스텐에서 방출된 전자들은 금속상자의 벽을 향해 가속될 것이며, 그들 중 운 좋은 일부는 구멍을 통해 밖으로 발사될 것이다. 이렇게 발사된 전자들은 모두(거의) 같은 에너지를 갖는다. 전자총 앞에는 얇은 금속으로 만든 벽이 놓여 있는데, 여기에도 이전처럼 두 개의 구멍이 뚫려있다. 벽의 오른쪽에는 전자의 종착점인 또 하나의 벽이 가로놓여 있으며, 이 벽에는 x방향을 따라 자유롭게 이동할 수 있는 전자 감지기가 설치되어 있다. 감지기는 가이거 계수기(geiger counter)일 수도 있고, 확성기가 달려있는 전자증폭기(electron multiplier)어도 상관없다(후자가 훨씬 비싸다).

그러나 이 실험은 앞에서 언급했던 두 종류의 실험처럼 만만하지가 않다. 무엇보다 어려운 점은, 우리가 원하는 결과를 얻으려면 모든 실

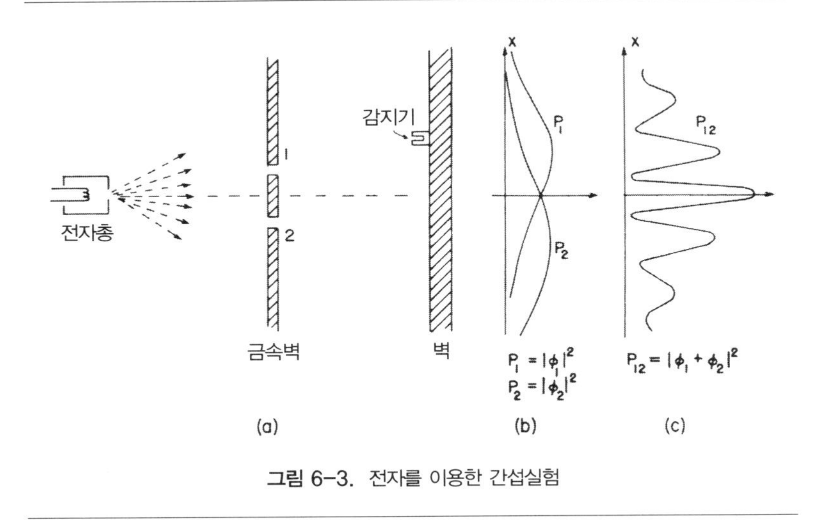

그림 6-3. 전자를 이용한 간섭실험

험장치를 엄청나게 작게 만들어야 한다는 것이다. 그런데 애석하게도 지금의 과학기술로는 전자규모의 초미세 실험기구를 만들 수가 없다. 따라서 이 실험은 실제로 하는 것이 아니라 상상 속에서 진행되어야 한다. 이것이 바로 '사고실험(thought experiment)' 이다. 그리고 우리는 실험의 결과를 이미 알고 있다. 왜냐하면 우리가 원하는 규모에서 행해졌던 여러 종류의 실험결과들(정확하게 이 실험은 아니지만)이 이미 나와 있기 때문이다.

전자실험에서 우선 주목해야 할 것은 전자가 감지기에 도달할 때마다 '딸깍' 하는 소리가 난다는 점이다. 그리고 어떤 전자가 도달했건 간에, '딸깍' 소리의 크기는 항상 동일하다. 절반만 '딸깍!' 하거나 작은 소리로 '딸깍' 하는 경우는 절대로 일어나지 않는다.

그리고 이 '딸깍' 하는 소리는 매우 불규칙적으로 들려올 것이다. 메

트로놈처럼 규칙적으로 박자를 맞추지 않고, "딸깍..... 딸깍딸깍... 딸깍........ 딸깍.... 딸깍딸깍...... 딸깍..."과 같이 제멋대로 소리를 낼 것이다. 그러므로 충분히 긴 시간 동안(4~5분 정도) 딸깍 소리의 횟수를 세고, 또다시 동일한 시간 동안 딸깍 소리를 세어보면 그 결과는 거의 같을 것이다. 즉, 딸깍 소리의 평균빈도수(또는 1분당 딸깍 횟수)는 감지기에 도달한 전자의 개수를 헤아리는 척도로 사용될 수 있다.

감지기의 위치를 바꾸면 소리가 나는 빈도수는 달라지겠지만, 한번 소리가 날 때마다 들려오는 강도(소리의 크기)는 항상 똑같다. 전자총의 내부에 연결해 놓은 텅스텐의 온도를 낮춰도 소리의 빈도수만 줄어들 뿐, 강도는 여전히 변하지 않는다. 또, 감지기를 하나 늘려서 두 대를 설치해 놓았다면 딸깍 소리는 이곳저곳을 번갈아가며 들려올 뿐, 두 개의 감지기에서 '동시에' 소리가 나는 경우는 결코 발생하지 않는다(가끔씩 두 소리의 시간 간격이 너무 짧아서 우리의 귀가 그 차이를 감지하지 못할 수도 있다. 이런 경우는 예외로 해두자). 그러므로 감지기(또는 두 번째 벽)에 도달하는 모든 전자들은 총알의 경우처럼 균일한 '덩어리'의 형태라고 말할 수 있다. 전자는 조각으로 쪼개지는 일 없이 항상 온전한 덩어리의 형태를 유지한 채로 감지기에 도달한다. 자, 이제 본격적인 질문으로 들어가 보자 — "하나의 전자가 두 번째 벽의 중심으로부터 x만큼 떨어진 곳에 도달할 확률은 얼마인가?" 이전의 실험처럼, 전자총의 시간당 발사 횟수를 일정하게 세팅해 놓고 감지기가 내는 소리의 빈도수를 측정하면 상대적 확률을 구할 수 있다. 전자가 x지점에 도달할 확률은 그 지점에서 측정된 딸깍 소리의 평균 빈도수에 비례한다.

이 실험의 결과는 그림 6-3 (c)에 P_{12}로 표시되어 있다. 그렇다! 이것이 바로 전자의 행동방식이다!

전자파동의 간섭

이제 그림 6-3 (c)에 나타난 그래프를 분석하여 전자의 행동방식을 규명해보자. 먼저 분명히 해둘 점은, 하나의 전자는 항상 온전한 덩어리로만 존재하기 때문에 개개의 전자는 구멍 1 아니면 구멍 2, 둘 중 '하나'를 통해서 감지기에 도달한다는 것이다(하나의 전자가 두 개의 구멍을 '동시에' 통과할 수는 없다는 뜻이다: 옮긴이). 이것을 명제의 형태로 쓰면 다음과 같다.

명제 A: 개개의 전자는 두 개의 구멍들 중 반드시 하나만을 통하여 감지기에 도달한다.

명제 A를 사실로 가정하면, 두 번째 벽에 도달하는 전자는 두 가지 부류로 나눠진다. (1) 구멍 1을 통과한 전자와, (2) 구멍 2를 통과한 전자가 그것이다. 따라서 우리가 얻은 확률곡선(P_{12})은 (1) 부류에 속하는 전자에 의한 효과와 (2) 부류에 속하는 전자의 효과를 더한 결과임에 틀림없다. 이 확신에 찬 추론을 확인하기 위해, 이제 구멍 하나를 막은 상태에서 실험을 해보자. 먼저 구멍 2를 막은 경우부터 시작한다. 이 경우, 감지기에 도달하는 전자는 누가 뭐라해도 구멍 1을 통과한 전자이다. 감지기의 딸깍 소리를 측정하여 그 빈도수로부터 얻은 결과는 그림 6-3 (b)에 P_1으로 표시되어 있다. 우리의 예상과 잘 맞는 그래프이다. 이와 비슷한 방법으로 구멍 1을 막은 실험결과는 P_2이며, 이 역시 그렇게 표시되어 있다.

그런데 여기서 심각한 문제가 발생했다. 구멍 두 개를 모두 열어놓은 실험에서 얻어진 P_{12}가 $P_1 + P_2$와 전혀 딴판으로 생긴 것이다. 그런데 우리는 수면파 실험에서 이와 비슷한 결과를 얻은 적이 있다. 그러므로 우리는 다음과 같은 결론을 내릴 수밖에 없다—"전자는 간섭을 일으킨다."

$$\text{전자의 경우: } P_{12} \neq P_1 + P_2 \tag{6.5}$$

파동도 아닌 전자가 간섭을 일으키다니, 이런 일이 어떻게 가능하단 말인가? "하나의 전자가 하나의 구멍만을 지나갈 수 있다는 명제가 틀린 게 아닐까? 전자는 우리가 생각했던 것보다 훨씬 더 복잡한 존재일 수도 있으니까 말이야. 예를 들면 반으로 쪼개진다거나…" 잠깐! 그건 아니다. 절대로 그렇지 않다. 전자는 항상 온전한 형태로만 존재한다! "그런가요? 그렇다면… 구멍 1을 빠져나온 전자가 구멍 2를 통해 다시 돌아오고, 이런 식으로 몇 차례 더 반복하거나 아주 복잡한 경로를 거쳐서… 이렇게 된다면, 구멍 2를 막았을 때 구멍 1을 통과한 전자들의 확률 분포는 달라지지 않을까요?" 하지만 이 점을 명심하라. 두 개의 구멍이 모두 열려 있을 때에는 전자가 거의 도달하지 않는 '금지구역'이 존재하지만, 구멍 하나를 가려놓으면 이 금지구역에도 꽤 많은 전자들이 도달한다는 것이다. 그리고 간섭무늬 중앙의 최대값은 P_1+P_2보다 두 배나 크다. 구멍 하나를 닫아놓으면 마치 전자들이 "저것 봐. 저치들이 대문 하나를 닫아버렸어. 우리가 빠져나가는 걸 원치 않는 모양이야" 하면서 감지기로 향한 여행에 이전처럼 최선을 다하지 않는 듯하다. 이 두 가지 현상은 전자가 복잡한 경로를 따라 간다는 가설로 해결되지 않는다.

이것은 지독한 미스터리이다. 자세히 보면 볼수록 더욱 미궁 속으로 빠지는 것 같다. P_{12}의 이상한 패턴을 설명하기 위해 여러 가지 가설들이 제시되었지만, 어느 것도 성공하지 못했다. 어떤 이론도 P_1과 P_2로부터 P_{12}를 재현하지 못한 것이다.

그러나 놀랍게도 P_1과 P_2로부터 P_{12}를 유도하는 수학적 과정은 지극히 단순하다. P_{12}는 그림 6-2 (c)의 I_{12}와 비슷하며, I_{12}를 구하는 과정은 아주 간단했다. 두 번째 벽에서 일어나는 현상은 $\hat{\phi}_1$과 $\hat{\phi}_2$로 표현되는 두 개의 복소수로 표현될 수 있다(물론 이들은 x의 함수이다). $\hat{\phi}_1$의 절대값의 제곱은 구멍 1만 열려 있을 때의 확률분포를 의미한다. 즉 $P_1 = |\hat{\phi}_1|^2$이다. $\hat{\phi}_2$의 경우도 이와 비슷하여, $P_2 = |\hat{\phi}_2|^2$으로 표현된다. 그리고 이들이 서로 혼합된 결과는, $P_{12} = |\hat{\phi}_1 + \hat{\phi}_2|^2$이다. 보다시피 수학적 과정은 파동의 경우와 완전히 동일하다(전자들이 오락가락하는 복잡한 길을 가면서 이렇게 단순한 결과를 얻기는 어려울 것이다)!

그러므로 우리는 이런 결론을 내릴 수밖에 없다. 전자는 총알과 같은 입자처럼 덩어리의 형태로 도달하지만, 특정 위치에 도달할 확률은 파동의 경우처럼 간섭무늬를 그리며 분포된다. 이런 이유 때문에 전자는 "어떤 때는 입자였다가, 또 어떤 때는 파동처럼 행동한다"고 일컬어지는 것이다.

이왕 말이 나온 김에, 한가지만 더 짚고 넘어가자. 고전적인 파동이론을 공부할 때, 우리는 파동의 진폭을 시간적으로 평균하여 파동의 세기를 정의했으며, 계산상의 편의를 위해 복소수를 사용했었다. 그러나 양자역학에서 진폭은 '반드시' 복소수로 표현되어야만 한다. 실수 부분만 갖고는 아무것도 할 수 없다.

두 개의 구멍을 모두 열어놓았을 때 전자가 벽에 도달하는 확률분포가 $P_1 + P_2$는 아니지만, 그래도 아주 간단한 수식으로 표현되기 때문에 이 점에 관하여 더 이상 할 이야기는 많지 않다. 그러나 자연이 이렇게 묘한 방식으로 행동할 수밖에 없는 이유를 따진다면, 거기에는 미묘한 문제들이 수도 없이 산재해 있다. 우선 $P_{12} \neq P_1 + P_2$이므로 명제 A는 틀렸다고 결론 지을 수밖에 없다. 하나의 전자는 오로지 하나의 구멍만을 통과한다는 가정이 틀린 것이다. 이것은 또 다른 실험을 통해 확인해 볼 수 있다.

전자를 눈으로 보다

실험장치를 조금 바꿔서, 그림 6-4처럼 세팅해보자. 구멍이 뚫린 벽의 바로 뒤, 두 개의 구멍 사이에 아주 강한 빛을 내는 광원을 설치한다. 우리는 전기전하가 빛을 산란시킨다는 사실을 이미 알고 있다. 그러므로 구멍을 빠져나온 전자에 강한 빛을 쪼이면 전자는 쏟아지는 빛(광자)을 사방으로 산란시키면서 어떻게든 제 갈 길을 갈 것이다. 그리고 전자에 의해 산란된 광자들 중 일부가 우리의 눈에 들어오면 우리는 전자가 어디로 가는지를 '볼 수' 있다. 예를 들어, 그림 6-4에서처럼 전자가 구멍 2를 통해 빠져 나왔다면 우리는 A라고 표시된 지점 근방에서 번쩍이는 섬광을 보게 될 것이다. 이와 반대로 전자가 구멍 1을 통과했다면, 그쪽 근처에서 섬광이 나타날 것이다. 그리고 만일 두 지점에서 동시에 섬광이 나타난다면, 그것은 전자가 반으로 나뉘었다는 뜻인데… 길게 말할 필요 없다. 일단 실험부터 해보자!

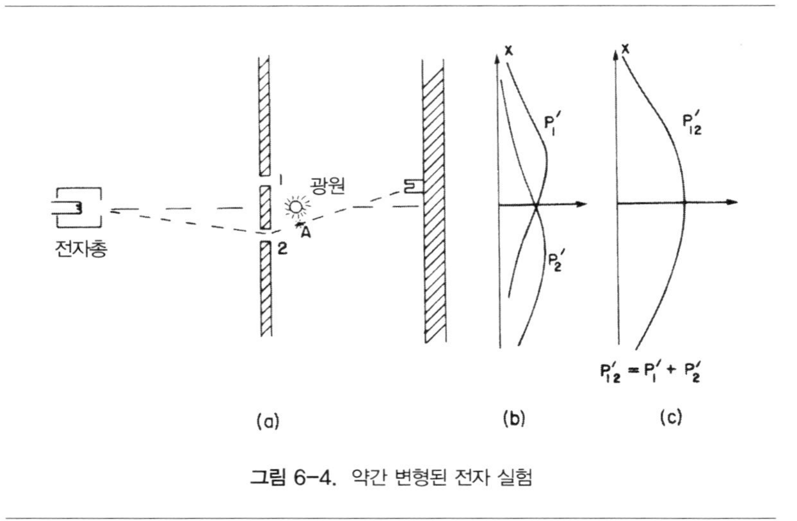

그림 6-4. 약간 변형된 전자 실험

우리 눈에 보이는 상황은 다음과 같다. 감지기에서 '딸깍' 소리가 날 때마다, 구멍 1 아니면 구멍 2 근처에서 섬광을 목격하게 될 것이며, 두 곳에서 섬광이 동시에 나타나는 광경은 결코 볼 수 없을 것이다. 감지기의 위치를 아무리 바꿔봐도 사정은 마찬가지다. 이 실험에 의하면 '하나의 전자는 오로지 하나의 구멍만을 지나간다' 고 결론내릴 수밖에 없다. 즉, 명제 A는 참인 것이다.

명제 A가 틀렸음을 입증하려고 했던 실험이었는데, 그 반대의 결과가 나와 버렸다. 우리의 논리에서 어디가 잘못되었을까? P_{12}는 왜 P_1+P_2와 다른 것일까? 다시 실험으로 돌아가 보자! 전자의 경로를 계속 추적하여, 이번에야말로 끝장을 내주자! 감지기의 위치(x)를 이동시켜가면서 도착하는 전자의 개수를 세고, 그들이 어느 구멍을 통과해 왔는지도 일일이 기록해두자. 즉, 구멍 근처를 뚫어지게 바라보다가 저쪽 감지기에서 '딸깍' 소리가 나면, 그 전자가 바로 전에 비췄던 섬광의 위치를 기록하자는 것이다. 구멍 1 근처에서 섬광이 보였다면 1열에 작대기 하나를 긋고, 구멍 2 근처에서 섬광이 보였다면 2열에 작대기 하나를 긋는다. 감지기에 도달하는 모든 전자들은 둘 중 하나의 경우에 해당될 것이다. 이제 1열에 그어진 작대기의 개수를 세어 '전자가 구멍 1을 통해 감지기에 도달할 확률' P'_1을 구하고, 같은 방법으로 P'_2도 구한다. 이런 식의 실험을 여러 x값에 대하여 반복실행하면, 그림 6–4 (b)에 그려진 두 개의 곡선이 얻어진다.

지금까지는 별로 새로운 것이 없다. 지금 구한 P'_1은 아까 구멍 하나를 막고 실험했을 때 얻어진 P_1과 거의 비슷하다. 그러므로 하나의 전자가 두 개의 구멍을 동시에 통과하는 황당한 일은 발생하지 않는 것 같다. 강한 빛을 쪼여서 전자를 눈으로 봤는데도 전자는 전혀 수줍어하지 않고, 태연하게 제 갈 길을 간 것이다. 일단 구멍 1을 통과했음이 확인된 전자들은 구멍 2가 닫혔건 열렸건 간에, 항상 동일한 분포를 보인다.

그러나 잠깐! 아직 전체확률을 확인하지 않았다. P'_1과 P'_2효과가 더해진 P'_{12}는 어떤 분포를 보일 것인가?

우리는 그에 관한 정보를 이미 갖고 있다. 섬광에 관한 건 모두 잊고, 1열과 2열에 그어진 작대기의 개수를 그냥 더하기만 하면 된다. 다른 짓은 하면 안된다. 그냥 더해야만 한다! 왜냐하면 지금의 실험은 두 개의 구멍을 모두 열어놓은 채로 진행되었기 때문이다. 감지기가 거짓말을 하지 않는 한, 누가 뭐라 해도 이 경우만은 $P'_{12} = P'_1 + P'_2$가 성립되어야 한다. 그림 6-4 (c)를 보니 과연 그렇다. 그런데… 생각해 보니 이건 더욱 황당하지 않은가! 아까 두 개의 구멍을 모두 열어놓은 실험에서는 분명히 간섭현상이 나타났었는데, 전자들이 통과한 구멍의 위치를 알아내기 위해 약간의 장치를 추가시켰더니 간섭 패턴이 사라져버린 것이다! 광원의 전원을 차단하면 간섭패턴이 다시 나타난다. 대체 뭐가 어떻게 돌아가는 것일까?

"전자는 우리가 그들을 보고 있을 때와 보고 있지 않을 때 서로 다르게 행동한다"— 이렇게 결론을 내리는 수밖에는 도리가 없다. 혹시 광원이 전자를 교란시킨 것은 아닐까? 전자들은 매우 예민하여, 빛이 전자를 때리는 순간 충격을 받아 향후의 운동에 모종의 변화를 일으킨

것이 분명하다. 우리는 빛의 전기장이 전하에 힘을 미친다는 사실을 이미 알고 있다. 그러므로 이 경우에도 전자는 빛의 영향을 받았을 것이다. 어쨌거나, 빛은 전자에 커다란 영향력을 행사한다. 전자를 '보려고' 했던 우리의 시도 자체가 전자의 운동을 바꾸어 놓은 것이다. 광자가 산란될 때 전자에 가해진 충격은 P_{12}의 최대지점으로 갈 예정이었던 전자를 P_{12}의 최소지점으로 보내버릴 정도로 강력하다. 간섭무늬가 사라진 것은 바로 이런 이유 때문이다.

여러분은 이렇게 주장할지도 모른다. "너무 밝은 광원을 사용하지 마라! 광원의 밝기를 줄여라! 그러면 빛의 세기가 줄어들어서 전자를 크게 교란시키지 못할게 아닌가! 광원을 점차 어둡게 만들면 빛에 의한 산란 효과는 거의 무시해도 좋을 만큼 작아질 것이다." 오케이! 좋은 제안이다. 그렇게 해보자. 광원의 밝기를 줄이면 전자들이 지나가면서 발하는 섬광의 밝기도 줄어들 것 같지만, 사실은 전혀 그렇지 않다. 광원의 밝기를 아무리 줄여봐도, 하나의 전자에 의해 나타나는 섬광은 항상 같은 밝기로 나타난다. 그러나 이 경우에는 섬광이 반짝이지 않았는데도 감지기에서 '딸깍' 소리가 나는 애석한 사태가 가끔씩 발생하게 된다. 빛의 조도가 너무 약하면 전자를 아예 '놓쳐버리는' 경우가 생기는 것이다. 왜 그럴까? 그렇다. 우리는 믿는 도끼에 발등을 찍힌 셈이다. 전자뿐만 아니라 빛까지도 '덩어리' 처럼 행동하고 있었던 것이다! 파동이라고 믿어왔던 빛이 지금은 입자적 성질을 발휘하여 우리를 실망시키고 있다. 그러나 이것이 사실임을 어쩌겠는가. 빛은 광자(photon)의 형태로 진행하고 산란되며, 빛의 세기를 줄이면 광원으로부터 방출되는 광자의 개수가 줄어들 뿐 광자 하나의 '크기'는 전혀 변하지 않는다. 광원이 희미해졌을 때, 섬광 없이 감지기에 도달하는 전자가 발생한 것도 바로 이런 이유 때문이다. 전자가 지나가는 순간에 때마침 산란될 광자가 하나도 없었던 것이다.

지금까지의 결과는 다소 실망적이다. 광자가 전자를 교란시킬 때마다 항상 똑같은 크기의 섬광을 발하는 게 사실이라면, 우리의 눈에 보이는 전자는 한결같이 '이미 교란된' 것들뿐이다. 어쨌거나, 일단 희미한 빛으로 실험을 해보자. 이번에는 감지기에서 '딸깍' 소리가 날 때마다 다음의 세 가지 경우 중 하나에 작대기를 그어나가기로 한다. (1) 구멍 1 근처에서 전자가 발견된 경우, (2) 구멍 2 근처에서 전자가 발견된 경우, (3) 전자는 발견되지 않고 소리만 난 경우. 이렇게 얻어진 데이터를 분석해보면, 다음과 같은 결론이 내려진다: "구멍 1 근처에서 발견된" 전자들은 P'_1과 같은 분포를 보인다: "구멍 2 근처에서 발견된" 전자들은 P'_2와 같은 분포를 보인다(따라서 "구멍 1 또는 구멍 2에서 발견된" 전자들은 P'_{12}의 분포곡선을 보인다): "전혀 발견되지 않은" 전자들은 그림 6-3의 P_{12}처럼 파동적 분포를 보인다! 발견되지 않은 전자들은 간섭을 일으킨다는 뜻이다!

이 결과는 그런대로 이해할 만 하다. 우리가 전자를 보지 못했다는 것은 전자가 광자에 의해 교란되지 않았음을 의미하며, 일단 우리의 눈에 뜨인 전자는 교란된 전자임이 분명하다. 광자의 '크기(영향력)'는 모두 같기 때문에 전자가 교란되는 정도 역시 항상 동일하다. 그리고 광자에 의한 교란은 간섭효과를 사라지게 할 만큼 막강하다.

전자를 교란시키지 않고 볼 수 있는 방법은 없을까? 우리는 "하나의 광자가 실어 나르는 운동량은 광자의 파장에 반비례한다($p=h/\lambda$)"는 사실을 이미 배워서 알고 있다. 그러므로 광자에 의해 전자가 교란되는 정도는 광자의 운동량에 따라 달라질 것이다. 맞다! 바로 그거다! 전자가 크게 교란되는 것을 원치 않는다면, 빛의 세기를 줄이는 게 아니라 빛의 진동수를 줄여야 하는 것이다(즉, 좀 더 긴 파장의 빛으로 전자를 쪼인다는 뜻이다). 이 사실을 알았으니, 이번에는 좀 더 붉은 빛을 사용해보자. 여러분이 원한다면 아예 적외선이나 라디오파같이 파장이 아주 긴 빛을 사용해도 상관없다. 이런 빛들은 우리 눈에 보이지 않지만, 특별한 장치를 사용하면 얼마든지 가시화시킬 수 있다. '얌전한(파장이 긴)' 빛을 사용할수록 전자의 교란은 더욱 줄어들 것이다.

자, 전자가 구멍을 통과해 나오는 길목에 긴 파장의 빛을 쪼인다. 그리고 파장을 점차 늘여가면서 동일한 실험을 반복한다. 과연 어떤 결과가 얻어질 것인가? 처음에는 별로 달라지는 것이 없다. 그런데 점차 긴 파장의 빛으로 바꾸어가면서 실험을 하다보면, 결국에는 끔찍한 사태가 발생한다. 앞에서 현미경에 관하여 이야기할 때 (『파인만의 물리학 강의』에 수록된 부분으로 이 책에는 빠져있다 : 옮긴이), 아주 가까이 있는 두 개의 점을 구별하는 것은 '빛의 파동성' 때문에 한계가 있다고 말했었다. 이 한계는 어느 정도일까? 빛의 파장이 바로 그 한계이다. 즉, 두 점 사이의 거리가 빛의 파장보다 가까우면, 그 빛으로는 두 개의 점을 구별할 수가 없다. 따라서 우리가 사용한 빛의 파장이 두 구멍 사이의 간격보다 길어지면 빛이 전자에 의해 산란될 때 커다란 섬광이 발생하여 전자가 어느 구멍을 통해 나왔는지 알 수가 없게 된다! 우리가 알 수 있는 것이라곤 전자가 어디론가 가버렸다는 것뿐이다! 그리고 이때부터 비로소 P'_{12}은 P_{12}와 비슷해지기 시작한다. 즉, 간섭무늬가 다시 나타나기 시작하는 것이다. 여기서 빛의 파장을 계속 늘여나가면 광자에 의한 전자의 교란이 아주 작아져서 간섭무늬가 거의 완전하게 재현된다.

이제 여러분은 어느 정도 눈치를 챘을 것이다. 전자가 어느 쪽 구멍을 통해 나왔는지를 알면서, 동시에 간섭무늬까지 볼 수 있는 방법은 이 세상에 존재하지 않는다. 그래서 하이젠베르크는 측정의 정밀도에 근본적 한계를 부여하는 자연의 법칙을 추적하던 끝에, 그 유명한 불확정성원리를 찾아내어 양자역학의 서문을 열었다. 이 원리를 우리의 실험에 적용한다면, 다음과 같이 설명할 수 있다. "전자의 간섭무늬가 나타날 정도로 교란을 적게 시키면서, 동시에 전자가 통과한 구멍을 판별하는 것은 불가능하다" 다시 말해서, 전자가 어느 쪽 구멍을 통해 나왔는지를 판별하는 측정기구는 그것이 어떤 원리로 작동한다 해도 전자의 간섭무늬를 그대로 보존시킬 만큼 섬세할 수가 없다는 뜻이다. 지금까지 무수한 실험이 행해져왔지만, 불확정성원리를 피해 가는데 성공한 사례는 단 한번도 없었다. 그러므로 우리는 이 원리가 자연계에 원래 존재하는 특성임을 받아들여야 한다.

원자를 비롯한 모든 물질의 현상을 설명해주는 양자역학은 불확정성원리에 그 뿌리를 두고 있다. 그리고 양자역학은 어느 모로 보나 대단히 성공적인 이론이므로, 불확정성원리에 대한 우리의 믿음은 확고부동하다. 그러나 만일 이 원리를 피해갈 수 있는 방법이 단 하나라도 발견된다면, 양자역학은 지금의 왕좌에서 조용히 물러나야 할 것이다.

여러분은 이렇게 묻고 싶을 것이다. "그렇다면 아까 말했던 명제 A는 어떻게 되는가? 전자가 두 개의 구멍들 중 하나만을 통해서 지나간다는 말은 사실인가, 아니면 틀린 것인가?" 명쾌한 대답을 해주고 싶지만, 그게 그렇게 쉽지가 않다. 지금 줄 수 있는 대답이란, 모순에 빠지지 않는 새로운 사고방식을 실험으로부터 얻어냈다는 사실뿐이다. 잘못된 결론으로 도달하지 않으려면 우리는 이렇게 말하는 수밖에 없다. 우리가 만일 전자를 "쳐다본다면", 즉 전자가 어느 쪽 구멍을 통해 나왔는지를 알려주는 어떤 장치를 만들어 놓았다면, 우리는 개개의 전자가 지나온 구멍을 알 수 있다. 그러나 전자가 가는 길을 전혀 교란시키지 않는다면(전자를 쳐다보지 않는다면), 그것이 어느 구멍을 통해 나왔는지 알 수가 없게 된다. 만일 누군가가 전자를 교란시키지 않고서도 통과해온 구멍을 알 수 있다고 주장하면서 이로부터 어떤 후속논리를 진행시킨다면, 그는 틀림없이 잘못된 결론에 이르게 될 것이다. 자연을 올바르게 기술하려면, 이러한 '외줄타기식 논리' 에 의존하는 수밖에 없다.

전자를 비롯한 모든 물질들이 파동적 성질을 갖는 게 사실이라면, 앞에서 총알을 대상으로 했던 실험은 어찌된 것일까? 그 경우에는 왜 간섭무늬가 나타나지 않았던 것일까? 거기에는 그럴만한 이유가 있다. 총알의 파장이 너무 짧아서 이들이 만드는 간섭무늬가 너무 적게 나타났기 때문에 우리에게 감지되지 않았던 것이다. 즉 최대점과 최소점이 매우 촘촘하게 붙어있기에 우리가 사용하는 둔감한 감지장치로는 총알의 간섭무늬를 확인할 길이 없다. 우리가 얻은 분포곡선은 일종의 '평균적 결과'이며, 이것은 고전적인 확률분포에 해당된다. 총알과 같은 거시적 규모의 물체로 실험했을 때 나타나는 결과는 대략 그림 6-5와 같다. 왼쪽에 제시된 그림 (a)는 양자역학에 입각한 총알의 확률분포도이다. 보다시피, 간섭에 의한 파동무늬의 간격이 매우 촘촘하게 나타나 있다. 물론 이것은 상상으로 그린 그림이며, 실제

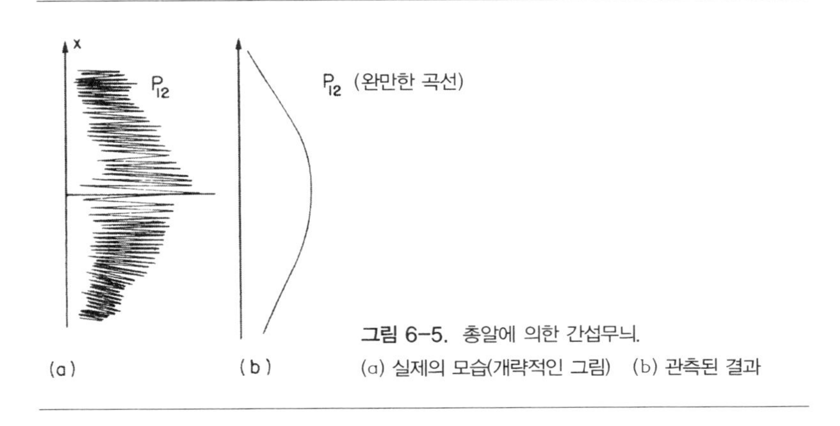

그림 6-5. 총알에 의한 간섭무늬.
(a) 실제의 모습(개략적인 그림) (b) 관측된 결과

의 감지기는 이 굴곡을 감지하지 못하고 그림 (b)처럼 완만한 분포곡선을 우리에게 보여줄 것이다.

양자역학의 제 1원리

지금까지 했던 일련의 실험으로부터 얻은 결론을 요약해보자. 지금부터 하는 이야기는 앞에서 했던 특정 실험뿐만 아니라 비슷한 류의 모든 실험에 일반적으로 적용된다. 우선, 우리의 실험에 영향을 줄만한 외부의 요인들을 모두 차단할 수 있다고 가정하자. 이렇게 '이상적인 실험'을 가정하면 우리의 논리는 한층 더 간략하게 정리될 수 있다. 이상적인 실험이란 한마디로 "실험의 모든 초기조건과 말기조건이 완벽하게 규정될 수 있는 실험"을 말한다. 그리고 사건(event)이란 일반적으로 "초기조건과 말기조건의 집합"으로 정의된다(예를 들어, "전자가 총에서 발사되어 감지기에 도달하는 것"도 하나의 사건이다. 이 사건에서 전자는 감지기 이외의 다른 곳으로 도달하지 않는다). 이제 결론을 요약해보자.

요 약

(1) 이상적인 실험에서 임의의 사건이 일어날 확률은 확률진폭

(probability amplitude)이라 부르는 복소수 ϕ 의 절대값의 제곱으로 주어진다.

$$P = \text{확률}$$
$$\phi = \text{확률진폭}$$
$$P = |\phi|^2 \qquad (6.6)$$

(2) 하나의 사건이 여러 가지 방법으로 일어날 수 있는 경우, 이 사건에 대한 확률진폭은 각각의 경우에 대한 확률진폭을 더하여 얻어지며, 이때 간섭현상이 일어난다.

$$\phi = \phi_1 + \phi_2,$$
$$P = |\phi_1 + \phi_2|^2 \qquad (6.7)$$

(3) 위에서 말한 사건이 여러 가지 가능성 중 어떤 방법으로 일어났는지를 알아내는 실험을 한다면, 그 사건이 발생할 전체 확률은 개개의 방식으로 일어날 확률들을 더하여 얻어지며, 간섭은 일어나지 않는다.

$$P = P_1 + P_2 \qquad (6.8)$$

여러분은 아직도 심기가 불편할 것이다. “어떻게 그럴 수가 있단 말인가? 우리가 전자를 바라보고 있다는 것을, 생명체도 아닌 전자가 어떻게 알아챈다는 말인가? 그 배후에 숨어있는 법칙은 무엇인가?" 배후의 법칙은 아직 아무도 찾아내지 못했다. 우리가 지금 제시한 것보다 더 자세한 설명을 할 수 있는 사람은 없다. 이 난처한 상황을 지금보다 더 논리적으로 이해하는 방법이 전혀 존재하지 않는 것이다.

이 시점에서, 고전역학과 양자역학 사이의 중요한 차이점을 강조하고자 한다. 지금까지 우리는 주어진 조건 하에서 하나의 전자가 특정 위치에 도달할 확률을 생각해보았다. 그런데 왜 하필이면 확률인가? 더 정확한 예측을 할 수는 없는 것인가? 그렇다. 실험기구의 주변환경을 아무리 이상적으로 만든다 해도(그리고 실험기구가 제 아무리 정밀하다 해도) 개개의 전자가 어디로 도달할 것인지를 정확하게 예측하는 방법은 없다. 우리는 오직 가능성(확률)만을 예측할 수 있을 뿐이다! 이것은 곧 현대물리학이 어떤 정해진 환경 하에서 앞으로 발생할 사건을 정확하게 예견하는 것을 포기해야 한다는 뜻이다. 그렇다! 물리학은 그것을 포기할 수밖에 없었다. 우리는 주어진 상황에서 앞으로 벌어질 일을 정확하게 예측할 수 없다. 그 동안 수많은 실험과 경험적 사실로 미루어 볼 때, 이것은 분명한 사실이다. 우리가 알 수 있는 것은 오로지 확률뿐이다. 이로써 자연을 이해하려는 우리의 이상은 한 걸음 뒤로 물러나야 했다. 무언가 억울한 기분이 드는 것은 사실이지만, 어쩌겠는가? 불확정성원리를 피해갈 방법이 없는 한, 우리는 이 안타까운 현실을 받아들여야만 한다.

지금까지 서술한 내용, 즉 '측정이라는 행위에 수반되는 한계' 를 극복하기 위해 여러 가지 방법이 제안되었는데, 그 중 한 가지를 소개해 보겠다. "전자는 우리가 모르는 은밀한 내부 구조를 갖고 있을지도 모른다. 우리가 전자의 앞날을 예견하지 못하는 것은 아마도 이것 때문일 것이다. 만일 전자를 좀더 가까운 곳에서 관측할 수만 있다면, 우리는 전자의 앞길을 정확하게 예측할 수 있을 것이다." 과연 그럴까? 지금까지 알려진 바에 의하면 이것 역시 불가능하다. 전자를 가까이서 본다 해도 난점은 여전히 남아있다. 위에서 말한 대로, 전자의 앞길을 예측할 수 있는 모종의 내부 구조가 전자 속에 숨어있다고 가정해보자. 그렇다면 이 내부구조는 전자가 '어느 구멍으로 지나갈 것인지' 도 결정해야 한다. 그러나 여기서 한 가지 명심해야 할 것이 있다. 우리가 실험장치를 아무리 바꾼다 해도, 전자의 내부구조는 변하지 않아야 한다. 즉, 우리가 두 개의 구멍들 중 하나를 막아놓았다고 해서 전자의 내부구조가 달라질 이유는 없는 것이다. 그러므로 만일 전자가 총으로부터 발사된 직후에 (a) 어느 구멍으로 지나갈지, 그리고 (b) 어느 지점에 도달할 것인지를 이미 마음먹고 있었다면, 우리는 구멍 1을 선택한 전자의 확률분포(P_1)와 구멍 2를 선택한 전자의 확률분포(P_2)를 알 수 있으며, 감지기에 도달한 전자의 전체적 확률분포는 $P_1 + P_2$로 결정되어야만 한다. 여기에는 이론의 여지가 있을 수 없다. 그러나 실제로 실험을 해보면 전혀 그렇지가 않다. 이것은 정말로 지독한 수수께끼여서, 아무도 이 문제를 풀지 못했으며 앞으로도 풀릴 가능성은 별로 없어 보인다. 지금의 우리는 그저 확률을 계산하는 것만으로 만족해야 한다. 사실 '지금' 이라고 말은 하고 있지만, 이것은 아마도 영원히 걷어낼 수 없는 물리학의 굴레인 것 같다. 불확정성원리는 인간의 지적능력에 그어진 한계가 아니라, 자연자체에 원래부터 내재되어 있는 본질이기 때문이다.

불확정성원리

애초에 하이젠베르크는 불확정성원리를 다음과 같이 설명했다. "어떤 물체의 운동량(더 정확하게는 운동량의 x성분) p를 측정할 때 오차의 한계를 Δp 이내로 줄일 수 있다면, 그 물체의 위치 x를 측정할 때 수반되는 오차(불확정도) Δx는 $h/\Delta p$보다 작아질 수 없다. 임의의 한 순간에 위치의 불확정도(Δx)와 운동량의 불확정도(Δp)를 곱한 값은 항상 h(플랑크 상수)보다 크다." — 이것은 앞에서 다루었던 '일반적인' 불확정성 원리의 특수한 경우에 해당된다. 이를 보다 일반적으로 서술한다면 다음과 같다 — "간섭무늬를 소멸시키지 않으면서 전자가 어느 구멍을 지나왔는지를 확인하는 방법은 없다."

하이젠베르크의 불확정성원리가 없었다면, 우리는 곧바로 난처한 상황에 직면했을 것이다. 한 가지 예를 들어서 그 이유를 설명하기로 한다. 그림 6-3의 실험장치를 조금 수정하여, 그림 6-6과 같은 실험장치를 만들었다고 가정해보자. 구멍이 뚫린 벽은 롤러에 물려있어서, 아래위로(x방향으로) 자유롭게 이동할 수 있다. 이런 경우라면 이동용 벽의 운동 상태로부터 전자가 통과한 구멍을 식별해낼 수 있다.

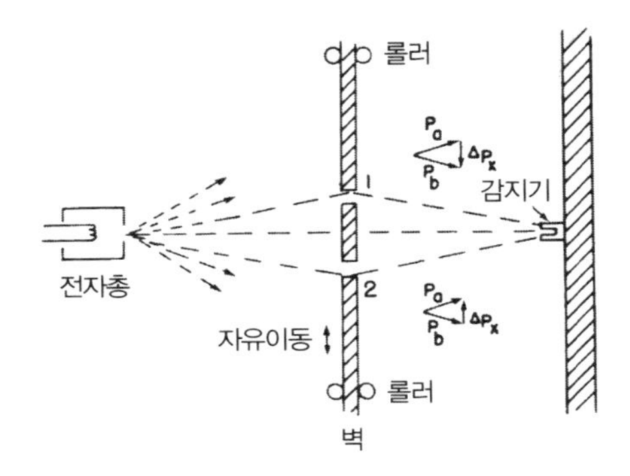

그림 6–6. 벽의 되튐(recoil)을 고려하여 전자가 통과한 구멍을 식별하는 실험.

감지기가 x=0에 있을 때(그림 6–6과 같은 상황) 어떤 일이 일어나는지 상상해 보라. 구멍 1을 통과한 전자가 감지기에 도달하려면 전자는 구멍 속에서 벽에 충돌하여 진행경로가 아래쪽으로 굴절되어야 한다. 이 경우, 전자 운동량의 수직성분에 변화가 생겼으므로 벽 자체의 운동량도 이와 반대쪽으로 같은 크기만큼 변해야 한다. 즉, 구멍이 뚫린 벽이 위쪽으로 조금 이동하게 되는 것이다. 이와 반대로 전자가 구멍 2를 통과한 경우, 벽은 아래쪽으로 충격을 받을 것이다. 그러므로 감지기가 어느 위치에 있건 간에, 전자가 구멍 1을 통과한 경우와 구멍 2를 통과한 경우, 판에 전달되는 운동량은 달라질 수밖에 없다. 맞다! 바로 이거다! 이 방법을 이용하면 전자를 전혀 교란시키지 않고서도 어느 쪽 구멍을 통과해왔는지 알 수 있을 것 같다.

그런데 한 가지 문제가 있다. 벽의 운동량이 얼마나 변했는지를 알기 위해서는 전자가 구멍을 통과하기 전에 벽의 운동량이 얼마였는지를 미리 알고 있어야 한다. 그래야 전자가 지나간 후의 운동량을 측정하여, 이 값에서 애초의 운동량을 뺌으로서 운동량의 변화를 구할 수 있기 때문이다. 그런데 불확정성원리에 의하면 벽의 운동량을 정확하게 측정할수록 벽의 정확한 위치를 알 수가 없게 된다. 그리고 벽의 위치가 불분명하다는 것은 곧 두 개의 구멍이 나있는 위치가 오차의 한계 이내에서 모호해진다는 뜻이다. 이렇게 되면 개개의 전자가 구멍을 통과할 때마다 구멍의 위치가 조금씩 달라지고, 이 요동으로 인해 간섭무늬는 사라지게 된다. 벽의 운동량을 어느 한도 이내로 정확하게 측정했을 때, 이로부터 수반되는 위치의 오차(Δx)는 간섭무늬의 극대값을 바로 옆의 극소지점으로 이동시킬 만큼 크기 때문이다. 이에 관한 정량적인 계산은 다음 장에서 다루기로 하겠다(그러나 애석하게도 이 책은 여기서 끝을 맺는다: 옮긴이).

불확정성원리는 양자역학을 유지시키는 일종의 보호장치이다. 하이젠베르크는 "위치와 운동량을 매우 높은 정확도로 동시에 측정할 수 있다면 양자역학은 붕괴된다"는 사실을 깊이 인식하여, 이것이 불가능할 수밖에 없다는 결론에 도달하였다. 불확정성원리에 수긍할 수 없었던 많은 물리학자들은 어떻게든 반론을 제기하기 위해 여러 가지 물체를 대상으로 다양한 실험을 해보았지만, 위치와 운동량을 동시에 정확하게 측정하는 방법은 단 한차례도 발견되지 않았다. 이렇듯 양자역학은 정교한 '외줄타기식 논리'를 바탕으로 지금의 명성을 유지하고 있는 것이다.

리 처 드 　파 인 만 에 　대 하 여

리처드 파인만은 1918년 뉴욕 브룩클린에서 출생하였으며, 1942년에 프린스턴 대학에서 박사학위를 받았다. 그는 어린 나이에도 불구하고 2차 세계대전 중 로스 알라모스(Los Alamos)에서 진행된 맨하탄 프로젝트(Manhattan Project)에 참여하여 중요한 역할을 담당하였으며, 그 후에는 코넬(Cornell)대학과 캘리포니아 공과대학에서 학생들을 가르쳤다. 1965년에는 도모나가 신이치로(朝永振一郎), 줄리안 슈윙어(Julian Schwinger)와 함께, 양자전기역학(QED)을 완성한 공로로 노벨 물리학상을 수상하였다.

파인만은 양자전기역학이 갖고 있었던 기존의 문제점들을 말끔하게 해결하여 노벨상을 수상했을 뿐만 아니라, 액체헬륨에서 나타나는 초유동현상(superfluidity)을 수학적으로 규명하기도 했다. 그 후에는 머리 겔-만(Murray Gell-Mann)과 함께 약한 상호작용을 연구하여 이 분야의 초석을 다졌으며, 이로부터 몇 년 후에는 높은 에너지에서 양성자들이 충돌하는 과정을 설명해주는 파톤 모델(Parton Model)을 제안하여 쿼크(quark)이론에 커다란 업적을 남겼다.

이 대단한 업적들 외에도, 파인만은 여러 가지의 새로운 계산법과 표기법을 물리학에 도입하였다. 특히 그가 개발한 '파인만 다이아그램'은 기본적인 물리과정을 개념화하고 계산하는 강력한 도구로서, 근대 과학 역사상 가장 훌륭한 아이디어로 손꼽히고 있다.

파인만은 경이로울 정도로 능률적인 교사이기도 했다. 그는 학자로 일하는 동안 수많은 상을 받았지만, 파인만 자신은 1972년에 받은 외르스테드 메달(Oersted Medal: 훌륭한 교육자에게 수여하는 상)을 가장 자랑스럽게 생각했다. 1963년에 처음 출판된 『파인만의 물리학 강의』를 두고 《사이언티픽 아메리칸(Scientific American)》의 한 평론가는 다음과 같은 평을 내렸다. "어렵지만 유익하며, 학생들을 위한 배려로 가득 찬 책. 지난 25년간 수많은 교수들과 신입생들을 최상의 강의로 인도했던 지침서." 파인만은 또 일반 대중들에게 최첨단의 물리학을 소개하기 위해 『물리 법칙의 특성(The Character of Physical Law)』과 『일반인을 위한 파인만의 QED 강의(QED: The Strange Theory of Light and Matter)』를 집필하였으며, 현재 물리학자들과 학생들에게 최고의 참고서와 교과서로 통용되고 있는 수많은 전문서적을 남겼다.

리처드 파인만은 물리학 이외의 분야에서도 여러가지 활동을 했다. 그는 챌린저호 위원회에서도 많은 업적을 남겼는데, 특히 원형고리(O-ring)의 낮은 온도에서의 민감성에 대한 그 유명한 실험은 오로지 얼음물 한 잔으로 모든 것을 해결한 전설적인 사례로 회자되고 있다. 그리고 세간에는 잘 알려져 있지 않지만, 그는 1960년대에 캘리포니아 주의 교육위원회에 참여하여 진부한 교과서의 내용을 신랄하게 비판한 적도 있었다.

리처드 파인만의 업적들을 아무리 나열한다 해도, 그의 인간적인 면모를 보여주기에는 턱없이 부족하다. 다채로우면서도 생동감 넘치는 그의 성품은 그의 손을 거친 모든 작품에서 생생한 빛을 발하고 있다. 파인만은 물리학자였지만 틈틈이 라디오를 수리하거나 자물쇠 따기, 그림 그리기, 봉고 연주 등의 여가 활동을 즐겼으며, 마야의 고대 문헌을 해독하기도 했다. 항상 주변 세계에 대한 호기심을 갖고 있던 그는 위대한 경험주의자의 표상이었다.

리처드 파인만은 1988년 2월 15일 로스앤젤레스에서 세상을 떠났다.

찾 아 보 기

ㄱ

ㄴ

ㄷ